Impressum:

Copyright © 2016 GRIN Verlag, Open Publishing GmbH
Druck und Bindung: Books on Demand GmbH, Norderstedt Germany
ISBN: 9783668419476

Dieses Buch bei GRIN:

http://www.grin.com/de/e-book/353283/ablaeufe-und-eigenschaften-eines-
schweinemastbetriebes-in-niederbayern

Michael Steinberger

Abläufe und Eigenschaften eines Schweinemastbetriebes in Niederbayern

Eine Untersuchung anhand eines Beispiels

GRIN Verlag

SEMINARARBEIT

Rahmenthema des Wissenschaftspropädeutischen Seminars:
Landwirtschaft in Bayern
Leitfach: *Geografie*

Thema der Arbeit:

Beispiel für einen Schweinemastbetrieb in Niederbayern

Verfasser:
Michael Steinberger

Abgabetermin: *08. November 2016*

Inhaltsverzeichnis

1. Rückblick auf die Anfänge und Entwicklung des Betriebs

Da das Thema der vorliegenden wissenschaftlichen Arbeit fordert, ein Beispiel eines Schweinemastbetriebs in Niederbayern darzulegen und diesbezüglich Abläufe und Eigenschaften aufzuführen, wird sich im Folgenden auf den Betrieb meines Vaters Gerhard Steinberger in Unterholzhausen bezogen.

Mein Vater entschied sich im Jahre 1998 für den Umbau der damals veralteten Milchviehhaltung in eine Schweinemast. Angetrieben durch schlechte Milchpreise und den Willen zur Veränderung der baufälligen und arbeitsintensiven Milchviehhaltung, konnte ihn auch die skeptische Haltung seines Vaters Wolfgang Steinberger nicht davon abhalten.[1] Doch der Bruttoerlös war im Wirtschaftsjahr 1998/99 mit 0,89€ pro Kilogramm Schlachtgewicht auf dem Tief der mittlerweile letzten 50 Jahre.[2] Dennoch begann er im August 1998 mit der Umgestaltung zum Schweinestall, welcher im Juni 1999 fertiggestellt wurde und eine Kapazität von 500 Schweinen besaß. Der Schweinepreis verbesserte sich bereits im ersten Jahr als Mäster stark, wodurch mein Vater ein wirtschaftlich hervorragendes erstes Jahr verzeichnen konnte. Als Grund dafür nennt er den sehr niedrigen Ferkelpreis in Kombination mit den ansteigenden Erlösen der folgenden Wirtschaftsjahre[3] und den damit außerordentlich hohen Direktkostenfreien Leistungen (DkfL).[4] Hierbei handelt es sich um den Erlös durch den Schweineverkauf, abzüglich der Ferkel- und Futterkosten und sonstiger Aufwandskosten pro Schwein, worin jedoch fixe Kosten für zum Beispiel Gebäude oder Maschinen nicht impliziert sind.[5] Aufgrund der Tatsache, dass in der Schweinemast der Umbau von Altgebäuden durchaus lukrativ ist, vorausgesetzt dass relativ große Tierzahlen gehalten werden können und eine Automatisierung von Fütterung und Entmistungssystem umsetzbar ist,[6] waren die Baukosten für den Maststall meines Vaters verhältnismäßig gering. Deshalb beschloss Gerhard Steinberger im Jahre 2002 den Schweinebestand um 400 Mastplätze zu erweitern. Im Januar des Folgejahres konnte schließlich mit der Mast von 900 Tieren begonnen werden. Erwäh-

---

[1] vgl. Interview mit Steinberger Gerhard vom 02.10.2016 (Das Interview ist in der Veröffentlichung nicht enthalten)
[2] vgl. www.lkv.bayern.de: Fleischleistungsprüfung in Bayern 2015, Seite 32f., Stand 02.10.2016
[3] vgl. ebd., Seite 33
[4] vgl. Mitschrift des Gesprächs mit Steinberger Gerhard vom 05.06.2016, Seite 1
[5] vgl. http://www.lkv.bayern.de/flp/schweinemast.html: Wirtschaftlich produzieren, Stand: 02.10.2016
[6] vgl. Spandau, P. in Schweinemast (2013) von Hoy, S., S.115

nenswert ist, dass die Zahlungsfähigkeit angesichts der ertragreichen ersten Jahre sehr gut war,[7] was folgende grafische Darstellung bestätigt.

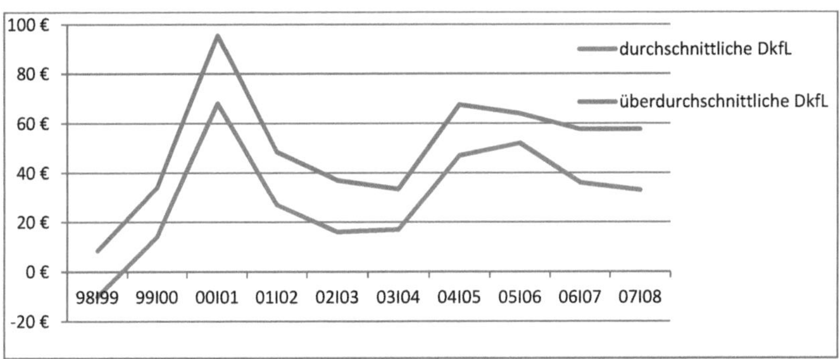

Abbildung 1: Liquiditätsüberschuss je Mastplatz und Jahr, abhängig von den Direktkostenfreien Leistungen[8]

Das Diagramm zeigt den Liquiditätsüberschuss, und somit die verbleibenden Zahlungsmittel nach Abzug der Ausgaben von 33€ je Mastplatz und Jahr bei circa 800-1500 Mastplätzen.[9] Diese durchaus geringen Kosten entstehen „aufgrund älterer Bausubstanz mit nur geringer Fremdkapitalbelastung (30%) im ‚reinen Familienbetrieb' (100%)".[10] Wegen ebenfalls geringem Fremdkapitaleinsatz, reinen Familienarbeitskräften und 900 Mastplätzen im Jahre 2003, kann das Diagramm als Vergleich für den Liquiditätsüberschuss meines Vaters der dargelegten Jahre genommen werden. Demzufolge war die Zahlungsfähigkeit vor Allem in den Jahren vor der Erweiterung 2002/2003, bereits bei durchschnittlichen DkfL, sehr hoch, was Gerhard Steinberger dazu bewegte, die Investition zu tätigen. Dass die DkfL, die damals noch als Deckungsbetrag pro Tier bezeichnet wurden, in diesem Zeitraum mindestens durchschnittlich waren, zeigt der Vergleich der Mast meines Vaters mit anderen bayerischen Betrieben.[11] Wegen anhaltend guten Schweinepreisen und Direktkostenfreien Leistungen konnte der Neubau relativ zügig abbezahlt werden, wobei sich der Fremdkapitalanteil aufgrund von Privateinlagen generell in Maßen hielt.[12]

---

[7] vgl. Mitschrift des Gesprächs mit Steinberger Gerhard vom 05.06.2016, Seite 1
[8] vgl. Spandau, P. in Schweinemast (2013) von Hoy, S., Seite 124f.
[9] vgl. ebd., Seite 124ff.
[10] ebd., Seite 124
[11] vgl. LKV: Betriebsprotokoll 1 vom 01.03.2002 bis zum 28.02.2003
[12] vgl. Mitschrift des Gesprächs mit Steinberger Gerhard vom 05.06.2016, Seite 1

Ein ähnliches Bild zeigt sich bei der zweiten Erweiterung im Jahre 2007/2008, wo man den Liquiditätsüberschuss der Vorjahre als sehr hoch ansehen kann.[13] Dies sprach für einen weiteren Neubau und somit wurde in diesem Jahr der Schweinebestand auf 1300 Mastplätze vergrößert. Seitdem wurden keine neuen Stallabteile mehr errichtet oder bezogen.

2. Beispiel für einen Schweinemastbetrieb in Niederbayern

Durch das Aufwachsen auf dem elterlichen landwirtschaftlichen Betrieb war für mich schon seit jeher der Bezug zu der Thematik gegeben. Infolge des direkten Bezugs zur Schweinemast ist mein Ziel somit eine möglichst betriebsnahe Seminararbeit anzufertigen. Der Betrieb meines Vaters umfasst 70 Hektar landwirtschaftliche Nutzfläche und wird seit 1993 im Nebenerwerb bewirtschaftet. Neben der Schweinemast arbeitet er in einem Amt zur Kontrolle von Stallbau- und Flächenförderungen, was der Tätigkeit als Landwirt nahesteht.[14]

2.1 Außerbetriebliche Einflüsse auf die Wirtschaftlichkeit der Schweinemast

Als oberstes Ziel in der Schweinemast zählt es nach dem Wirtschaftlichkeitsprinzip zu handeln. Das bedeutet, dass „mit einem bestimmten Mitteleinsatz der größtmögliche Erfolg (Maximalprinzip) erzielt werden soll."[15] Dass dies jedoch nicht mehr nur durch betriebliche Leistungen und das Zusammenspiel von Angebot und Nachfrage beeinflussbar ist, wird in diesem Kapitel erläutert. Immer mehr prägt die weltweite Marktentwicklung, der regionale und internationale Strukturwandel, der Schweinepreis und aktuell und zukünftig auch politische Entscheidungen den Erfolg der Schweinemast.[16]

2.1.1 Auswirkungen weltweiter Schweinemast auf den Betrieb meines Vaters

Schweinemast ist ein weltweit verbreiteter Wirtschaftszweig des primären Sektors, weswegen ein intensiver Handel an Schweinefleisch vor Allem zwischen Europa, Asien, Nord- und Südamerika stattfindet.[17] Im Jahre 2015 wurde mit 5,56 Millionen Tonnen der höchste Wert der Schweinefleischerzeugung in Deutschland aus dem Jahre 2011 zwar nur um 40000 Tonnen verfehlt,[18] generell betrug dies jedoch lediglich circa 5% der weltweiten Produktion in diesem Jahr.[19] Dies zeigt welche enorme Bedeutung die Entwicklung und Verlagerung der

---

[13] in Anlehnung an Abbildung 1
[14] vgl. Mitschrift des Gesprächs mit Steinberger Gerhard vom 03.10.2016, Seite 1
[15] www.wirtschaftslexikon.gabler.de: Wirtschaftlichkeitsprinzip, Stand: 03.10.2016
[16] vgl. Mitschrift des Gesprächs mit Steinberger Gerhard vom 03.10.2016, Seite 1
[17] vgl. Hortmann-Scholten, A. in Schweinemast (2013) von Hoy, S., Seite 7
[18] vgl. www.destatis.de: Fleischerzeugung im Jahr 2015 mit neuem Rekordwert, Stand: 03.10.2016
[19] vgl. https://de.statista.com/: Produktion von Schweinefleisch weltweit bis 2016, Stand: 03.10.2016

Schweinemast in andere Regionen der Welt hat. Der Selbstversorgungsgrad an Schweinefleisch in Deutschland lag im Jahr 2014 bei 117%, was ein durchaus nennenswertes Exportaufkommen nach sich zieht. Fast dreiviertel des exportierten Schweinefleisches wurden im ersten Halbjahr an EU-Partnerländer verkauft. Hier wurde ein kleiner Rückgang im Vergleich zum Vorjahreszeitraum verbucht, welcher den Exporten an Drittlandsmärkte zugute kam. Diesbezüglich war vor Allem China und Hongkong mit 16,2% der wichtigste Abnehmer überhaupt.[20] In China ist deutsches Schweinefleisch sehr gefragt, „[d]enn made in Germany steht auch bei Schweinefleisch und Verarbeitungserzeugnissen für Qualität und Sicherheit."[21] Doch im Zuge des ansteigenden Exports Deutschlands nach China konkurriert man mit den USA, die auch immer mehr „die Wachstumsmärkte in China ins Visier"[22] nehmen. Als Grund kann hierbei angeführt werden, dass die amerikanischen Mäster im Herbst 2015 ein gehöriges Bestandswachstum von 9% verbuchten und aufgrund der russischen Einfuhrsperre für Schweinefleisch, neue Märkte erschließen mussten.[23] Seit dem Embargo im Jahre 2014 werden russische Mäster vom Staat massiv subventioniert, wodurch man den Import mittlerweile um 80% verringern konnte. Der restliche Bedarf an Schweinefleisch wird größtenteils für einen verhältnismäßig geringen Preis aus Brasilien importiert.[24] Das Beispiel Brasiliens zeigt, dass Länder mit Billiglohnniveau immer mehr anstreben ihre Schweinemast auszubauen, um die steigende inländische Nachfrage zu decken und den Weltmarkt mit billigem Schweinefleisch zu versorgen. Die Wirtschaftlichkeit der Schweinemast lediglich an der wachsenden Nachfrage am Weltmarkt zu messen, genügt somit nicht.[25] „Global denken, lokal handeln!"[26], lautet daher die Devise meines Vaters, mit der er dem Gedanke Ausdruck verleihen will, stets über weltweite Geschehnisse Bescheid zu wissen, um die Betriebsplanung folglich danach ausrichten zu können, jedoch, zur Erfolgssicherung der Mast, nach niederbayerischen Standards und Marktanforderungen handelt.[27]

---

[20] vgl. Bauer, K. (2015): Ein langes Tal im Schweinezyklus, in: Bayerisches Landwirtschaftliches Wochenblatt, 205. Jg., H.49, Seite 86

[21] Hortmann-Scholten, A.; LWK Niedersachen (2016): Fleisch-Export: Wie in China punkten?, in: SUS, H.2/2016, Seite 61

[22] o.V. (2015): Bestände auf Rekordniveau, in: SUS, H.6/2015, Seite 22

[23] vgl. ebd., Seite 22

[24] vgl. www.topagrar.com: Russland nicht mehr auf europäisches Schweinefleisch angewiesen, Stand: 04.10.2016

[25] vgl. Spandau, P. in Schweinemast (2013) von Hoy, S., Seite 122f.

[26] Mitschrift des Gesprächs mit Steinberger Gerhard vom 03.10.2016, Seite 1

[27] vgl. ebd.

In europäischer Hinsicht hat sich vor Allem Spaniens Schweinemast in den vergangenen Jahren gut entwickelt. Der Schweinebestand wurde zum Beispiel von 2013 auf das Jahr 2014 um circa eine Million Tiere erweitert und damit standen die Südeuropäer mit 26,5 Millionen Schweinen an zweiter Stelle in der EU und nur noch knapp hinter Deutschland. Gründe für ihren Aufschwung sind vor allem die niedrigen Löhne, wenigen Auflagen und billigen Ställe, was geringe Kosten, und somit einen Vorteil am europäischen Schweinemarkt verschafft.[28] Eine weitere Erklärung dafür liefert die Tatsache, dass bei ihnen, ebenso wie im Großteil der EU-Mitgliedstaaten, Vorgaben wie die Richtlinie 2008/120/EG des Rates der europäischen Union über Mindestanforderungen für den Schutz von Schweinen[29] gelten, während hierzulande striktere Auflagen wie die Tierschutz-Nutztierhaltungsverordnung jene Anforderungen festlegt. In der Folge führen diesbezüglich strengere Vorgaben zu Mehrkosten und diese wiederum zu Wettbewerbungsverzerrungen zu Ungunsten deutscher Schweinemäster wie Gerhard Steinberger, auf die sie keinen Einfluss nehmen können.[30]

2.1.2 Strukturwandel der Schweinemast und Vorteile des Standorts Niederbayern

Folgendes Diagramm legt die Entwicklung der Anzahl der Mastschweine und schweinemästenden Betriebe in Deutschland und Bayern dar und zeigt somit den Strukturwandel der letzten 41 Jahre auf.

---

[28] vgl. Schnippe, F.; SUS (2015): Spanier starten durch, in: SUS, H.6/2015, Seite 18f.
[29] vgl. http://eur-lex.europa.eu/homepage.html?locale=de: Richtlinie 2008/120/EG, Stand: 04.10.2016
[30] vgl. Hoy, S. in Schweinemast (2013), Seite 43

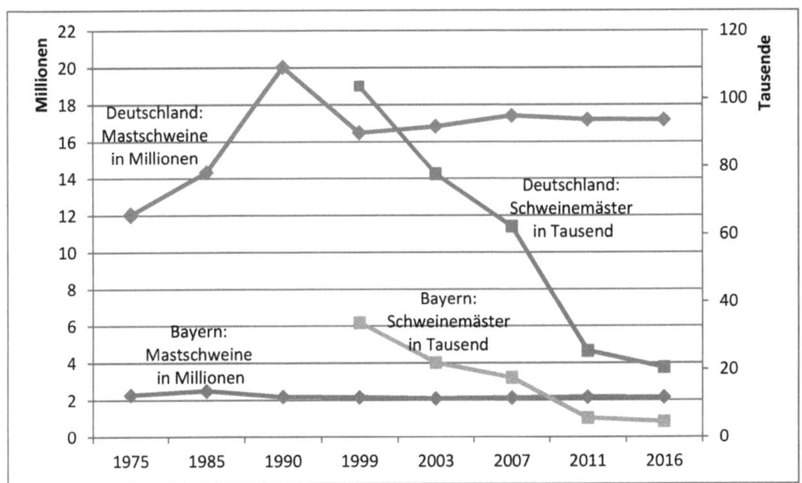

Abbildung 2: Entwicklung der Mastschweine und Schweinemäster in Deutschland bzw. Bayern von 1975-2016[31]

Auffallend ist die Tatsache, dass sich die Menge an Mastschweinen, trotz stark sinkender Zahl an deutschen und bayerischen Mästern seit 1999, auf einem konstanten Level hält. Speziell in Bayern wird dies durch das Aussteigen zahlreicher kleinerer Betriebe mit 200 bis 500 Mastplätzen aus der Produktion begründet, welche sich aus Kostengründen gegen notwendige Investitionen bezüglich Tierschutzverordnungen entschieden. Währenddessen errichteten investitionsgeförderte Mäster 2012 im Durchschnitt Ställe mit 1000 Plätzen, was die Stallplätze der wegfallenden Betriebe wieder kompensierte.[32] Infolgedessen vergrößerte sich der Mastbestand pro Betrieb in Bayern seit mein Vater Schweine mästet, von durchschnittlich 64 auf 477 Schweine, um mehr als das Siebenfache.[33] Eine ähnliche strukturelle Veränderung ereignete sich EU-weit, wo von 2005 bis 2013 fast die Hälfte der schweinehaltenden Betriebe aus der Produktion ausgeschieden ist.[34]

Die Tatsache, dass Niederbayern, trotz des anhaltenden Strukturwandels, mit fast 800000 Mastschweinen im Jahr 2015[35] mehr als ein Drittel der bayerischen Mastschweine eingestallt

---

[31] vgl. https://www-genesis.destatis.de/genesis/online: 41311-0001, 41311-0002, 41311-0003, 41311-0004, Stand: 07.10.2016

[32] vgl. www.topagrar.com: Schweinemast: Bayern gewinnt, Ländle verliert, Stand: 08.10.2016

[33] in Anlehnung an Abbildung 3

[34] vgl. o.V. (2016): EU-Schweinehaltung im stetigen Wandel, in: Bayerisches Landwirtschaftliches Wochenblatt, 206. Jg., H.2, Seite 31

[35] vgl. www.lkv.bayern.de: Fleischleistungsprüfung in Bayern 2015, Seite 16, Stand 08.10.2016

hatte, spricht für den Regierungsbezirk als Standort. Als Konzentrationszone der Schweinemast entstehen somit einige Vorteile.

> „In der Regel sorgt hier die gute Infrastruktur in der Futtermittel-, der Schlacht- und
> Verarbeitungsindustrie, aber auch in der Beratung und tierärztlichen Versorgung für
> komparative Vorteile gegenüber den extensiveren Veredlungsgebieten."[36]

Die dadurch entstehenden geringeren Futterkosten und kürzeren Vermarktungswege sowie
fachgerechte Beratung verbessern somit die Wirtschaftlichkeit meines väterlichen Betriebs.

2.1.3 Schweinepreis und Schweinezyklus und deren Folgen für den Beispielbetrieb

Der Schweinepreis bestimmt den Schweinezyklus, mit dem das zyklische Aufkommen der
Tiere abhängig von Angebot und Nachfrage beschrieben wird, wird aber auch von ihm beeinflusst. Ein sinkender Schweinepreis oder enorm steigende Futterkosten vermindern die Fer-
kelnachfrage der Mäster, was viele Sauenhalter zur Betriebsaufgabe zwingt, die Ferkelkosten
somit zeitversetzt steigen, woraufhin bei geringen Erlösaussichten eine Vielzahl von Mäster
ihren Betrieb schließen müssen. Ein dadurch kleines Angebot an Schlachtschweinen wird
wiederum zeitversetzt ein Ansteigen des Schweinepreises nach sich ziehen. Ein extrem niedriger Preis wie im Jahre 1999 sorgte für maximale Auswirkungen und verursachte damals
somit eine enorm hohe Zahl an Betriebsaufgaben. Durch das Zusammentreffen mehrerer
positiver Faktoren im Jahr 2000, konnte mein Vater im Zuge eines geringen Angebots an
Schlachtschweinen und hoher Nachfrage,[37] wie bereits in Punkt 1 erwähnt, ein wirtschaftlich
großartiges erstes Jahr verzeichnen. Gemäß dem Präsident der europäischen Schweinepro-
duzenten könne man sich den Zwängen des Schweinezyklus entziehen, indem man den
Markt analysiert und rechtzeitig die Produktion einbremst, wenn der Preis nachlässt und
auch wieder ankurbelt, falls der Preis wieder ansteigt.[38] Dies ist jedoch für meinen Vater
durch den einheitlichen und direkten Ferkelbezug, und somit Einkauf aller Ferkel stets vom
gleichen Ferkelerzeuger, nicht möglich, da es ihn dazu verpflichtet, auch in wirtschaftlich
härteren Zeiten eine konstante Anzahl an Mastschweine zu produzieren. Außerdem stuft er
eine verringerte Produktion bei schlechten Erlösen als sehr riskant ein, zumal er speziell die
geringen Ferkelkosten bei wieder zyklisch ansteigendem Schweinepreis nicht verpassen will,
da diese als Ausgleich zu den schlechten Erlösen bei fallendem Preis und moderaten Ferkel-

---

[36] Spandau, P. in Schweinemast (2013) von Hoy, S., Seite 121

[37] vgl. Hortmann-Scholten, A. in Schweinemast (2013) von Hoy S., Seite 9f.

[38] vgl. Bauer, K. (2016): Dem Schweinezyklus entkommen, in: Bayerisches Landwirtschaftliches Wochenblatt,
206. Jg., H.10, Seite 95

kosten fungieren.[39] In Jahren mit einem schlechten Schweinepreis wird, zur Überbrückung dieser, somit besonderes Augenmerk auf niedrige Produktionskosten gelegt, da aufgrund des Schweinezyklus, mit wieder ansteigenden Erlösen gerechnet werden kann. Dies wird deutlich am Beispiel der letzten zwei bis drei Jahre: Das Wirtschaftsjahr 2014/2015 war noch aufgrund des hohen Selbstversorgungsgrads Deutschlands an Schweinefleisch mit folgender starker Exportabhängigkeit und sinkender Inlandsnachfrage geprägt,[40] was einen geringen Bruttoerlös von 1,24€ pro Kilogramm Schlachtgewicht[41] nach sich zog. Auch das Jahr 2016 begann mit schlechten Erlösen von 1,31€ im Januar,[42] was sich jedoch mittlerweile mit einem Schweinepreis von 1,71€ Ende September[43] enorm verbesserte.

2.1.4 Einfluss politischer Vorgaben auf die Wirtschaftlichkeit der Schweinemast

Aktuelle und zukünftige politische Verordnungen beeinflussen die Wirtschaftlichkeit der Schweinemast. Dazu gehört das voraussichtliche Verbot der betäubungslosen Kastration nach dem 31.12.2018[44]. Jenes Verfahren wird derzeit bei männlichen Ferkeln vom Erzeuger angewendet, um unter anderem dem Ebergeruch entgegenzuwirken. Hierbei handelt es sich um eine Geruchsabweichung des Fleisches von männlichen Tieren, die in 3-4% der Fälle auftritt und das Fleisch ungenießbar macht.[45] Das Verbot der betäubungslosen Kastration könnte eine getrenntgeschlechtliche Mast nach sich ziehen, da sonst Unruhe beim Kontakt mit weiblichen Tieren entstehen würde, und Eberferkel schneller wachsen, was wiederum zu unterschiedlichen Schlachtzeitpunkten führen würde. Auch das Anwenden einer Kastration unter Narkose ist in der Diskussion, wobei dies zu vier- bis zwölffachen Kosten für den Ferkelerzeuger und somit zu deutlich teureren Ferkeln führen würde.[46] Außerdem sind die Techniken hierbei noch nicht weit genug entwickelt, sodass der Kastrationsschmerz oder der Ebergeruch nicht komplett zu verhindern sind.[47] Insgesamt müssen somit hierbei noch einige Entscheidungen und Anpassungen getroffen werden, um das Verbot der betäubungslosen

---

[39] vgl. Mitschrift des Gesprächs mit Steinberger Gerhard vom 09.10.2016, Seite 1f.

[40] vgl. www.lkv.bayern.de: Fleischleistungsprüfung in Bayern 2015, Seite 17, Stand: 09.10.2016

[41] vgl. ebd., Seite 33

[42] vgl. o.V. (2016): Vereinigungspreis für Schlachtschweine, in: Bayerisches Landwirtschaftliches Wochenblatt, 206. Jg., H.3, Seite 86

[43] vgl. Gutschrift der Schlachtung vom 23.09.2016, Seite 1

[44] vgl. Bauer, K. (2016): Nichts passt mehr zusammen, in: Bayerisches Landwirtschaftliches Wochenblatt, 206. Jg., H.10, Seite 94

[45] vgl. Hoy, S. in Schweinemast (2013), Seite 67

[46] vgl. Bauer, K. (2016): Nichts passt mehr zusammen, in: Bayerisches Landwirtschaftliches Wochenblatt, 206. Jg., H.10, Seite 94

[47] vgl. Niggemeyer, H.; SUS (2016): Kastration: Alternativen mit Defiziten, in: SUS, H.2/2016, Seite 30ff.

Kastration tatsächlich zum vorher genannten Datum einführen zu können, weshalb auch für meinen Vater noch nicht feststeht, wie er nach dem Verbot vorgehen wird.[48]

Die Forderung nach einer flächengebundenen Tierhaltung stellt eine weitere politische Maßnahme dar, welche die Wirtschaftlichkeit der Schweinemast beeinflusst. Hierbei wird die Flächennutzung des Mästers in Verbindung mit den gehaltenen Tieren gesetzt, wobei nicht mehr Schweine gemästet werden dürfen, als über den Ertrag der betriebseigenen Fläche abgedeckt werden. Um dies sicher zu stellen, wird ein, an Schweinemäster angepasster, Vieheinheitenschlüssel verwendet, welcher genau vorschreibt, wie viele Schweine bei einer bestimmten Flächenausstattung gehalten werden dürfen. Wird diese Maßzahl nicht eingehalten, verliert der Betrieb den Status der Landwirtschaft und bekommt als Gewerbe steuerliche Nachteile. Weiterhin ist ausreichend Fläche notwendig, um die anfallende Gülle vorschriftsmäßig auszubringen. Ist dies nicht der Fall, müssen Flächen zur Gülleausbringung teuer gepachtet werden, oder die Gülle kostenpflichtig abgegeben werden. Den im Punkt 2.1.2 aufgeführten Vorteilen der Schweinemast in Niederbayern stehen somit einige Nachteile entgegen, da eine flächengebundene Tierhaltung vor Allem in viehintensiven Regionen aufgrund hoher Flächen- und Pachtpreise schwer realisierbar ist. Außerdem wird hierbei wegen hoher Stalldichte und folglich starken Gerüchen und hoher Ammoniakbelastung oft eine teure Abluftreinigungsanlage gefordert.[49] Doch Gerhard Steinbergers Betrieb wird mit 70 Hektar landwirtschaftlicher Nutzfläche bei 1300 Mastplätzen noch als Landwirtschaft eingestuft, und die Fläche reicht gerade noch aus, um die anfallende Gülle vorschriftsmäßig auszubringen. Darüber hinaus konnten die Stallerweiterungen meines Vaters ohne eine Abluftreinigungsanlage errichtet werden, da diese im Außenbereich aufgrund von ausreichendem Abstand zur Wohnbebauung nicht erforderlich wurde. Somit profitiert er von den Vorteilen der Konzentrationszone für Schweinemast in Niederbayern, während die Nachteile größtenteils umgangen werden können.[50]

2.2 Aufbau des Maststalls bezüglich der angewandten Technik

Aufgrund der mehrfachen Erweiterung des Schweinestalls meines Vaters und der steigenden Bedeutung der verwendeten Technik bezüglich der Mastleistung der Tiere, werden in die-

---

[48] vgl. Interview mit Steinberger Gerhard vom 02.10.2016
[49] vgl. Spandau, P. in Schweinemast (2013) von Hoy, S., Seite 116ff.
[50] vgl. Mitschrift des Gesprächs mit Steinberger Gerhard vom 09.10.2016, Seite 2

sem Kapitel die verschiedenen Abschnitte des Stalls detailliert beschrieben und die abteilspezifische Technik erläutert.

2.2.1 Unterteilung und Aufbau des Maststalls

Folgender Plan geht auf den Aufbau des Maststalls ein und legt wichtige Bestandteile dar. Als Eingang fungiert die Türe des Schwarzbereichs, welcher als Hygieneschleuse dient und somit Wasseranschluss für Hand- und Schuhwerksreinigung, Telefonanschluss, einen Schreibtisch und eine Möglichkeit zur Aufbewahrung der Straßenkleidung besitzt. Beim Beispielbetrieb befindet sich der Weißbereich im Raum nebenan, wo die Stallkleidung aufbewahrt wird.[51] Vom Weißbereich gelangt man auf den großen Treibgang der ersten beiden Abteile, wo es sich um die ehemalige Milchviehaufstallung handelt. Diese beiden Abteile besitzen je 15 Buchten und zwei Treibgänge, was darauf zurückzuführen ist, dass die Größe der Abteile durch den Umbau bereits vorbestimmt war. Während im ersten Abteil je mindestens 17 Tiere pro Bucht gehalten werden, befinden sich im zweiten, etwas kleineren Abteil, nur circa 13 Tiere pro Bucht. Eine Tür verbindet den großen Treibgang mit jenem der Erweiterung von 2003. Hierbei wurden analog zur Erweiterung von 2007 je zwei Abteile mit je einem Mittelgang errichtet, von jenem jeweils vier Buchten à 24 Mastplätze zur Linken und zur Rechten liegen. Am großen Treibgang außerhalb des vierten Abteils befindet sich die Verladerampe „für die direkte Verladung auf den Transporter"[52] beim Ausstallen.

---

[51] vgl. Hoy, S. in Schweinemast (2013), Seite 45
[52] www.ktbl.de: Bauausführung und Haltungstechnik geschlossener Mastschweineställe, Seite 8, Stand: 16.10.2016

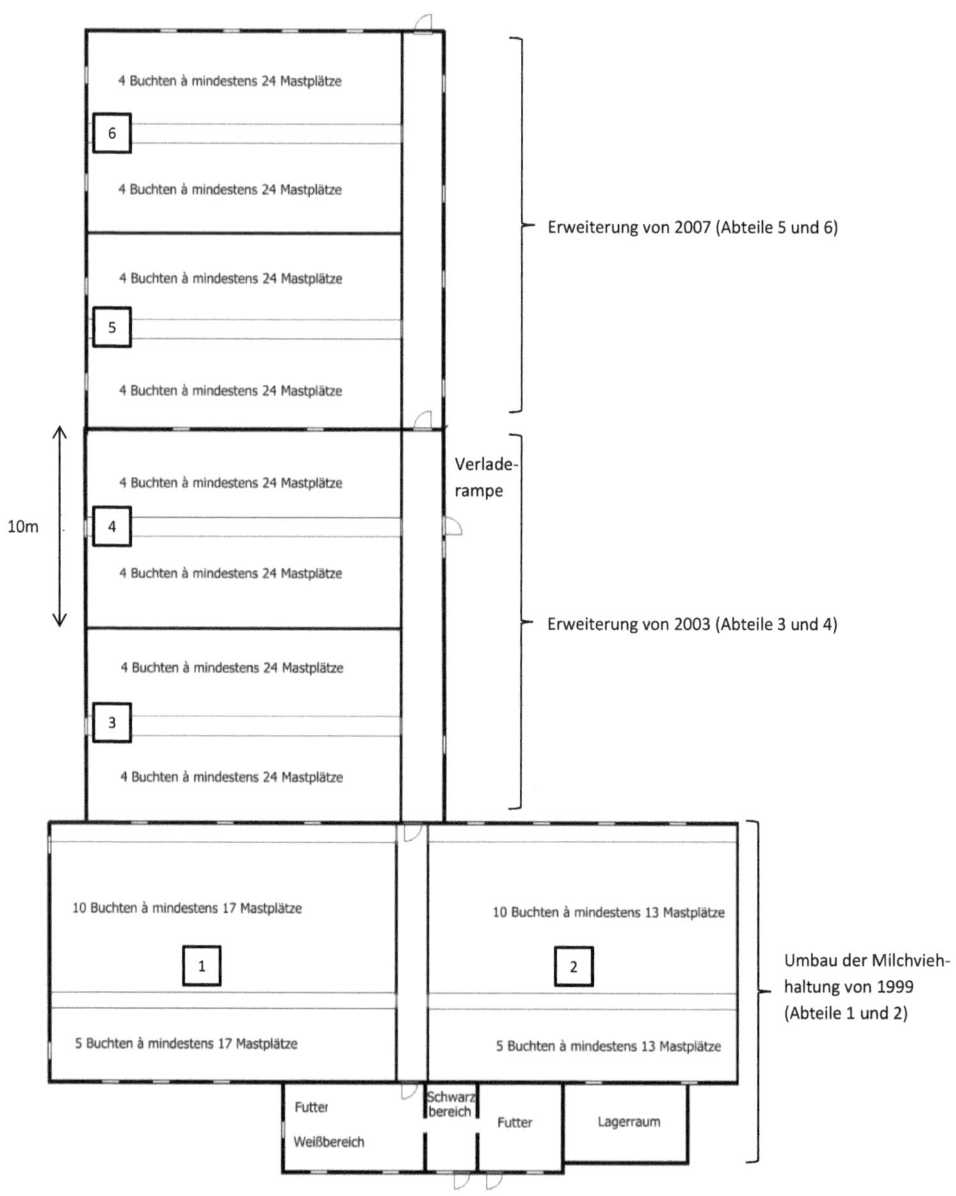

Abbildung 3: Aufbauplan des Maststalls des Beispielbetriebs[53]

---

[53] vgl. Eingabepläne der Stallgrundrisse vom 07.03.1999, 17.02.2001 und 02.10.2006

2.2.2 Angewandte Raumlufttechnik im Maststall

Um den Masterfolg zu gewährleisten, und um die Gesundheit der Tiere zu sichern, muss ein optimales Stallklima erzeugt werden. Hierbei handelt es sich in erster Linie um den „Zustand[..] der Stallluft, [..] Temperatur, Luftfeuchte, Gehalt an Schadgasen sowie Luftströmung, Luftgeschwindigkeit und Strahlung (Licht)."[54] Dies gelingt durch den Einsatz von Lüftungssystemen und je nach Außentemperatur zum Teil auch von Kühlungs- und Heizungsvorrichtungen. Gerhard Steinberger verwendet hierbei eine Rieselkanallüftung, wobei die Zuluft durch Lochplatten langsam einströmt, die Luftgeschwindigkeit somit relativ gering ist, was wiederum speziell zugempfindlichen Jungtieren zugutekommt. Hierbei hielt mein Vater einen Abstand der Lochplatten von circa 3,20 Meter[55] zur Wand ein, um zu verhindern, dass die Zuluft entlang der Wand nach unten beschleunigt wird.[56]

Abbildung 4: Rieselkanallüftung (Abteil 6)   Abbildung 5: Abluftkanal (Abteil 6)

Im Maststall meines Vaters werden Zuluft- und Abluftführung mithilfe des Unterdrucks gesteuert. Dies bedeutet, dass Ventilatoren in den Abluftkanälen, wie auf obigem Bild, die Abluft ansaugen und durch den folgenden Unterdruck im Abteil die Zuluft über die Rieselkanallüftung vom großen Treibgang außerhalb des Abteils hereinströmt. Des Weiteren verwendet Gerhard Steinberger eine zentrale Abluftführung. „Kennzeichen der zentralen Abluftführung ist ein Sammelkanal, der die Abluft bündelt und einem einzigen Emissionspunkt zuführt."[57] Der Vorteil hierbei ist, dass man, am Emissionspunkt einen Luft-Luft-Wärmetauscher einsetzen kann, der als Wärmerückgewinnungsanlage fungiert.[58] Mit einem Wärmetauscher kann

---

[54] Wähner, M.; Hoy, S. in Taschenbuch Schwein (2009), Seite 210
[55] eigene Messung
[56] vgl. Büscher, W. in Schweinemast (2013) von Hoy, S., Seite 78f.
[57] ebd., Seite 81
[58] vgl. Mitschrift des Gesprächs mit Steinberger Gerhard vom 17.10.2016, Seite 2

man die Luft „je nach Jahreszeit gekühlt oder angewärmt in den Tierbereich leiten"[59], indem die Abluftwärme je nach Bedarf auf die Zuluft übertragen wird. Man spart somit Energie und kann, wie im Falle meines Vaters, durch den Einsatz eines Wärmetauschers auf die Installation einer künstlichen Beheizung verzichten. Dazu trägt außerdem die Verwendung von teureren, wärmedämmenden Ziegel und Putz bei den beiden Neubauten bei. Somit muss lediglich vorm Einstallen der Ferkel mit Heizölkanonen vorgeheizt werden,[60] denn bis zu einem Gewicht von circa 45kg reicht die Eigenwärmeerzeugung nicht aus, dem noch verhältnismäßig hohen Wärmebedarf gerecht zu werden.[61]

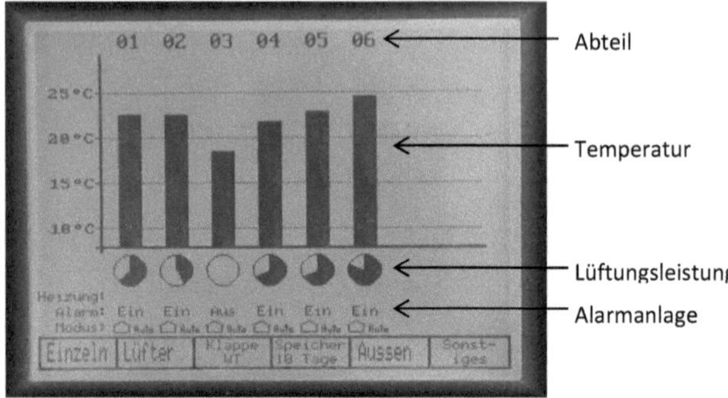

Abbildung 6: Klimacomputer

Dieses Bild des Klimacomputers meines Vaters legt dar, dass auch ohne künstliche Heizung, allein durch die oben erwähnten Maßnahmen für jedes Abteil eine individuelle, den Anforderungen der Tiere entsprechende, Temperatur erzeugt wird. Dies wird über die Lüftungsleistung gesteuert, wobei eine höhere Leistung generell schneller warme Luft absaugt und somit bei schwereren Tieren mit geringerem Wärmebedarf eingesetzt wird. Außerdem ist eine Alarmanlage mit Telefonwählgerät integriert, woraufhin bei Abweichungen oder Lüftungsausfall ein akustisches Warnsignal ertönt und Nachbarn und befreundete Landwirte telefonisch alarmiert werden. Ebenso kann mein Vater im Sommer auf die Kühlung des Stalls verzichten, da der Großteil der einsehbaren Fenster auf der kühleren Nordseite platziert ist, und eine starke Aufheizung des Stalls an warmen Tagen durch Fenster der Südseite, mithilfe pflanzlicher Beschattung, unterbunden wird.[62]

---

[59] Werning, M.; SUS (2016): Tierwohl sichert Topleistungen, in: SUS, H.2/2016, Seite 27
[60] vgl. Mitschrift des Gesprächs mit Steinberger Gerhard vom 17.10.2016, Seite 2
[61] vgl. Büscher, W. in Schweinemast (2013) von Hoy, S., Seite 75
[62] vgl. Mitschrift des Gesprächs mit Steinberger Gerhard vom 17.10.2016, Seite 2

2.2.3 Funktionsweise und Bedeutung von Güllelagerung und Entmistungssystem

Wie bereits im Unterpunkt 2.1.4 erläutert wurde, impliziert die flächengebundene Tierhaltung eine ordnungsgemäße Ausbringung der anfallenden Gülle. Außerdem muss jene auch vorschriftsmäßig gelagert werden, wofür mein Vater das Wechselstauverfahren anwendet. Hierbei wird „die Gülle [..] in flachen Wechselstaukanälen vorübergehend im Abteil gelagert, bevor sie über Sammelkanäle abgelassen"[63] wird. Daraufhin läuft sie in einen der beiden Güllebehälter im Außenbereich. Für den Bau eines zweiten Güllebehälters entschied sich Gerhard Steinberger im Jahre 2013, um der bald in Kraft tretenden neuen Düngeverordnung und der damit verbundenen Vorgabe, die Gülle sechs oder in der Praxis sogar neun Monate lagern zu können,[64] gerecht zu werden.[65] Ein großer Vorteil des Wechselstauverfahrens ist, dass sich feste Ablagerungen an Stellen mit geringen Fließgeschwindigkeiten beim darauffolgenden Ablassen im Zuge wechselnder Fließrichtung optimal abbauen.[66] Mein Vater lässt die Gülle in der Regel immer dann ab, wenn ein Abteil nach dem Ausstallen der Schweine leer ist, um es, im Zuge der Reinigung des Stalls und sinkender Geruchsbelastung, auf die Neubelegung vorzubereiten.[67]

Abbildung 7: Neuer Güllebehälter aus dem Jahre 2013

---

[63] www.ktbl.de: Geschlossene, zwangsgelüftete Mastschweineställe, Seite 3, Stand: 17.10.2016
[64] www.agrarheute.com: Neues Düngegesetz: Das kommt auf die Tierhalter zu, Stand: 17.10.2016
[65] vgl. Interview mit Steinberger Gerhard vom 02.10.2016
[66] vgl. Büscher, W. in Schweinemast (2013) von Hoy, S., Seite 85
[67] vgl. Mitschrift des Gesprächs mit Steinberger Gerhard vom 17.10.2016, Seite 2

2.2.4 Sonstige technische Bestandteile und Eigenschaften des Maststalls

Neben der Erzeugung einer adäquaten Raumluft und einer ordnungsgemäßen Entmistung nimmt mein Vater noch auf weitere, den Masterfolg bestimmende, Parameter Einfluss. Dazu gehört die vorgeschriebene Bereitstellung von untersuchbarem, bewegbarem und veränderbarem Beschäftigungsmaterial an die Schweine.[68] „Um die gegenseitige Animation der Tiere zu nutzen, biete[t] sich das Kettenkreuz [...] an"[69], welches auch Gerhard Steinberger vermehrt buchtenübergreifend einbaut um Beschäftigung zu ermöglichen und anzuregen. Durch den Einsatz von Beschäftigungsmaterialien wird man bestimmten Verhaltenszüge und Anforderungen der Schweine gerecht und bekämpft somit Verhaltensstörungen wie Ohren oder Schwanzbeißen im Zuge tiergerechter Haltung.[70]

Des Weiteren hat die Beschaffenheit und Funktionalität des Bodens einen nennenswerten Einfluss auf den Erfolg der Mast, die Tiergesundheit und die Funktionsweise der Entmistung. „Alle Betriebe, die einen Vollspaltenboden einsetzen, sehen diesen auch als beste Bodenvariante an."[71] Dieses Ergebnis einer Umfrage unter Spitzenbetrieben aus dem Jahre 2008 zeigt die Beliebtheit der Vollspaltenböden und legt dar, wieso er von 87% der Mäster eingesetzt wurde[72], und wieso auch mein Vater sich für diese Variante entschied. Im speziellen handelt es sich hierbei um einen Betonspaltenboden, der durchgehend mit Spalten versehen ist, um Kot und Urin in die unterliegenden Entmistungskanäle abzuleiten, jedoch trotzdem ausreichend große, trittsichere, wärmegedämmte, trockene und rutschfeste Liegefläche gewährleistet.[73] Denn nur wenn die Tiere „alle Verhaltensweisen [...] ungehindert auf einem Fußboden ausüben können, so dass Schmerzen, Leiden und Schäden vermieden werden"[74], kann von tiergerechter Haltung gesprochen werden, was sich wiederum positiv auf das Mastergebnis ausübt. Dass dies beim Betrieb meines Vaters gewährleistet wird, zeigt der Anteil an Verlusten, welcher im Wirtschaftsjahr 2014/2015 mit 1,32%[75] deutlich unter den Tierverlus-

---

[68] vgl. Hoy, S. in Schweinemast (2013), Seite 42

[69] www.ktbl.de: Beschäftigungsmöglichkeiten für Schweine, Seite 1, Stand: 19.10.2016

[70] vgl. ebd., Seite 1f.

[71] Ziron, M. in Trendreport Spitzenbetriebe, Schweinemast und Ferkelerzeugung , Gesundheit und Fütterung (2008) von DLG e.V., Seite 16

[72] vgl. ebd.

[73] vgl. Hoy, S. in Schweinemast (2013), Seite 50

[74] Wähner, M.; Hoy, S. in Taschenbuch Schwein (2009), Seite 210

[75] vgl. LKV: Jahresabschluss Schweinemast 2014/2015

ten von 2,7% der Betriebe mit Vollspaltenböden des Trendreports Spitzenbetriebe aus dem Jahr 2008[76] liegt.

Darüber hinaus spielt auch die Gruppengröße innerhalb der Buchten eine bedeutende Rolle für den Masterfolg. Diese wird durch die Mindestfläche je Mastschweine und die Buchtengröße bestimmt und reicht bei der Mast meines Vaters von 13 bis 24 Tiere pro Gruppe.[77] Hierbei entschied er sich somit für kleine bis mittelgroße Gruppen, weil hier die Futterkosten je kg Zuwachs und die Tierverluste im Vergleich zu Großgruppen etwas niedriger sind[78] und „aus arbeitswirtschaftlichen Gründen und wegen der Tierbetreuung"[79], harmonieren jene Gruppengrößen optimal mit seinem Betrieb. Größere Gruppen zeigten hierbei in der Vergangenheit oft technische Probleme und Nachteile für die Tierkontrolle auf, die seinem Bestreben, den Arbeitsaufwand im Nebenerwerb möglichst gering zu halten, widersprechen.[80]

2.3 Bestandteile und Arbeitsschritte eines Mastablaufs

Dieses Kapitel befasst sich mit dem Ablauf einer Mastphase und legt dar, welche Arbeitsschritte und Voraussetzungen nötig sind, um ein Ferkel einzustallen, es erfolgreich zu mästen und schließlich zu verkaufen. Außerdem wird erläutert, inwiefern Gesunderhaltung und Tierkontrolle an die Anforderungen der Schweine angepasst werden, und wie, mithilfe der Stallreinigung, auf die nächste Mastphase vorbereitet wird.

2.3.1 Das Einstallen der Ferkel

Jede Mastphase beginnt mit dem Einstallen der Ferkel in das leerstehende Abteil, weil mein Vater als Stallbelegungsverfahren das reinigungstechnisch anwenderfreundliche Abteil-Rein-Raus Verfahren anwendet. Das bedeutet, dass neue Ferkel nur angefordert werden, wenn ein gesamtes Abteil geleert wurde, welches dann wieder komplett aufgefüllt wird. „Mit diesem Verfahren lassen sich überdurchschnittliche direktkostenfreie Leistungen erzielen."[81] Und auch bezüglich weiterer Wirtschaftskennzahlen schnitt dieses Verfahren hervorragend

---

[76] vgl. Ziron, M. in Trendreport Spitzenbetriebe, Schweinemast und Ferkelerzeugung, Gesundheit und Fütterung (2008) von DLG e.V., Seite 16
[77] in Anlehnung an Abbildung 4
[78] vgl. Ziron, M. in Trendreport Spitzenbetriebe, Schweinemast und Ferkelerzeugung, Gesundheit und Fütterung (2008) von DLG e.V., Seite 15
[79] Interview mit Steinberger Gerhard vom 02.10.2016
[80] vgl. ebd.
[81] www.lkv.bayern.de: Fleischleistungsprüfung in Bayern 2015, Seite 19, Stand: 29.10.2016

ab,[82] zumal auch mein Vater hierbei auf Umbuchtungen verzichtet.[83] Dies ist besonders für die Gesundheit der Tiere ausschlaggebend, da es speziell in den ersten zwei Tagen nach dem Einstallen zu Rangordnungskämpfen kommt, welche für eine feste Hierarchie sorgen.[84] Wenn es jedoch später noch zu Umbuchtungen kommen würde, und „ein Einzeltier in eine festgefügte Gruppe integriert werden soll"[85], kann dies die Rangordnung stören und zu weiteren Auseinandersetzungen führen. Das beigefügte Video visualisiert, wie die Tiere von der Verladerampe[86] aus in das jeweilige leere Abteil getrieben werden, und wie sie sich an die Aufstallung, Beschäftigungsmaterialien, Fütterung und Tränkvorrichtungen gewöhnen.

2.3.2 Überwachung der Tiere im täglichen Kontrollgang

Um die optimale Gesundheit der Tiere zu gewährleisten ist eine Überwachung, und somit ein täglicher Kontrollgang durch alle Abteile, unabdingbar. Die Überprüfung findet einerseits über die Betrachtung der Schweine und ihres Verhaltens statt, andererseits werden auch technische Parameter wie die Einstellungen des Klimacomputers, die Funktionstüchtigkeit der Entmistung, der Fütterungs- und Tränkanlagen und die Makellosigkeit der Aufstallung und des Beschäftigungsmaterials kontrolliert.[87] Bezüglich der Schweine überprüft mein Vater vor Allem äußere Merkmale, wie Haltung und Gang, Auge, Haut, Ernährungszustand, Atmung und ob das Tier äußerlich unversehrt ist. Außerdem achtet er darauf, ob die Schweine regelmäßig fressen und beurteilt, ob Kot und Harn eine unbedenkliche Konsistenz und Farbe aufweisen, da dies Indizien für Gesundheit und Wohlbefinden sind.[88] Die eben erwähnten überprüften Merkmale, Anzeichen und Parameter können im beigelegten Video über den täglichen Kontrollgang meines Vaters, speziell auf seinen Maststall bezogen, begutachtet werden.

2.3.3 Maßnahmen zur Gesunderhaltung der Schweine

Während eines Mastablaufs werden zum Teil Gesunderhaltungsmaßnahmen benötigt, die mein Vater im Zuge des täglichen Kontrollgangs erkennt und ausübt. Speziell „[d]ie richtigen Bedingungen im Stall sowie bei Haltung und Versorgung spielen die Hauptrolle für die Ge-

---

[82] vgl. www.lkv.bayern.de: Fleischleistungsprüfung in Bayern 2015, Seite 35, Stand: 29.10.2016
[83] vgl. Mitschrift des Gesprächs mit Steinberger Gerhard vom 29.10.2016, Seite 3
[84] vgl. Hoy, S. in Schweinemast (2013), Seite 157
[85] Peitz L. und B. in Schweine halten (2014), Seite 63
[86] in Anlehnung an Abbildung 4
[87] vgl. Mitschrift des Gesprächs mit Steinberger Gerhard vom 29.10.2016, Seite 3
[88] vgl. Peitz L. und B. in Schweine halten (2014), Seite 144ff.

sundheit der Schweine."[89] Da die Tiergesundheit der ausschlaggebende Parameter für Froh-wüchsigkeit und dadurch hohe Zunahmen pro Tag ist, und darüber hinaus zur Minimierung der Verluste und des Bedarfs an tierärztlichen Leistungen beiträgt, spielt sie für meinen Va-ter, im Hinblick auf möglichst maximale DkfL, eine entscheidende Rolle.[90] Neben tiergerech-ter Haltung ist auch der einheitliche Ferkelbezug von Gerhard Steinberger von enormer Be-deutung für die Gesunderhaltung der Schweine. Der Einkauf von einheitlich großen Ferkel-partien vom gleichen Erzeuger minimiert das Risiko einer Infektion, da die Tiere nicht mit neuen Erregern konfrontiert werden.[91] Dass somit seit dem Jahre 2008[92] durch die Anwen-dung des einheitlichen und direkten Ferkelbezugs der benötigte Antibiotikaeinsatz stark ver-ringert werden konnte, belegt die Antibiotikadatenbank meines Vaters, die er seit dem drit-ten Quartal 2015 nutzt und noch keinen Einsatz eintragen musste.[93] Seit 2011 verringerte sich der Antibiotikaverkauf um 51%,[94] was einen positiven Trend bestätigt.

Gesunderhaltende Maßnahmen sind für meinen Vater somit fast ausschließlich für andere Problematiken wie das Schwanzbeißen notwendig, welches von spielerischem beknabbern des Schwanzes eines Buchtenpartners bis hin zu Verletzungen, Infektionen und sogar bis zum Tod des betroffenen Tiers führen kann.[95] Für die Ursachen dieser Verhaltensstörung gibt es zahlreiche Theorien wie zum Beispiel „ein[en] unbefriedigte[n] Sauginstinkt durch zu frühes Absetzen"[96], Langeweile, das Fehlen von ausreichend Beschäftigungsmaterialien oder aber Haltungsfehler wie zu hohe Besatzdichten. In jedem Fall müssen verletzte Tiere jedoch aus der Bucht entfernt werden und in einer separaten Krankenbucht gehalten werden, um oben erwähnte schwerwiegende Verletzungen oder Infektionen zu verhindern.[97] Mein Vater konnte jedoch vor Allem durch den vermehrten Einsatz von Beschäftigungsmaterialien das Aufkommen an Schwanzbeißvorfällen minimieren.[98]

---

[89] Peitz L. und B. in Schweine halten (2014), Seite 144ff.

[90] vgl. Interview mit Steinberger Gerhard vom 02.10.2016

[91] vgl. ebd.

[92] vgl. Mitschrift des Gesprächs mit Steinberger Gerhard vom 29.10.2016, Seite 3

[93] vgl. Einträge in die Antibiotikadatenbank von Gerhard Steinberger auf www.qualifood.de seit Beginn der Nutzung

[94] vgl. o.V. (2016): Antibiotika-Verkauf glatt halbiert, in top agrar, H.9/2016, Seite 101 (S3)

[95] Wähner, M.; Hoy, S. in Taschenbuch Schwein (2009), Seite 192

[96] Peitz L. und B. in Schweine halten (2014), Seite 72

[97] vgl. Hoy, S. in Schweinemast (2013), Seite 163

[98] vgl. Interview mit Steinberger Gerhard vom 02.10.2016

2.3.4 Das Ausstallen der Schweine

Kurz vor dem Erreichen der Schlachtreife bezüglich Gewicht und Konstitution kontaktiert mein Vater einen der beiden Vermarkter, welcher nach zehn bis 14 Tagen die jeweiligen Schweine abholt. Als Vermarkter kommen bei Gerhard Steinberger zum einen die Erzeugergemeinschaft Südostbayern und zum anderen der Händler Kleindienst infrage. Hierbei stützt er sich seit jeher auf die beiden beliebtesten bayerischen Vermarktungsformen geschlachteter Schweine[99], um durch den Vergleich dieser die besten Verkaufskonditionen zu erlangen. Beim Vorgang des Ausstallens kommen grundsätzlich zwei verschiedene Methoden zum Einsatz. Einerseits das Ausstallen von zuvor durch Tiermarkierstifte gekennzeichneten Schweinen, wenn noch nicht das komplette Abteil verkaufsreif ist und andererseits die Abteilräumung, also das Ausstallen des kompletten verbleibenden Abteils. In der Regel erfolgt die Abteilräumung auf zwei bis drei Ausstallungen markierter Tiere, welche im Abstand von circa zwei Wochen stattfinden. Mit diesem Vorgehen wirkt mein Vater Wachstumsdifferenzen innerhalb eines Abteils entgegen. Werden die Ausstallung markierter Tiere und die Räumung eines anderen Abteils kombiniert, können durchaus Verkaufsgrößen von 100 bis 170 Tiere erreicht werden.[100]Der genaue Ablauf eines Ausstallvorgangs wird in beigefügtem Video visualisiert. Hierbei wird auch darauf eingegangen, wie die Schweine mithilfe von Treibhilfen aus der Bucht über die Treibgänge und schließlich die Verladerampe auf den Schweinetransporter gelangen.

2.3.5 Stallreinigung und Vorbereitung auf den nächsten Mastablauf

Um das geräumte Abteil auf die Einstallung der nächsten Ferkel vorzubereiten, muss es als letzten Schritt eines Mastablaufs gründlich gereinigt werden. Neben der Stalleinrichtung des Abteils werden jedoch auch die Treibhilfen, Verladerampe und Treibgänge geputzt und desinfiziert.[101] Der Reinigungsvorgang an sich kann in zwei Hauptaufgaben unterteilt werden: das Einweichen und das Reinigen mit dem Hochdruckreiniger. Ersteres übernimmt zumeist mein Großvater Wolfgang Steinberger, welcher hierfür mit einem Schlauch einerseits „angetrocknete Schmutzpartikel mit Wasser aufzuweichen"[102] versucht, andererseits jedoch darüber hinaus bereits die Decke gründlich säubert und generell ein sehr reinliches Abteil hinterlässt, was sich positiv auf die Arbeitszeit mit dem Hochdruckreiniger auswirkt. Einen ähn-

---

[99] vgl. www.lkv.bayern.de: Fleischleistungsprüfung in Bayern 2015, Seite 31, Stand: 30.10.2016

[100] vgl. Mitschrift des Gesprächs mit Steinberger Gerhard vom 29.10.2016, Seite 3

[101] vgl. Louis, L. (2016): Sauber und rein für das Schwein, in: Bayerisches Landwirtschaftliches Wochenblatt, 206. Jg., H.8, Seite 58

[102] ebd.

lichen Effekt erzeugt die stationäre Einweichanlage in den letzten vier Abteilen, welche „Wasser verspritzt, um starke Verschmutzungen durch Kot oder Futterreste zu lösen."[103] Die darauffolgende Säuberung mit dem Hochdruckreiniger wird von oben nach unten durchgeführt, um keine bereits gesäuberten Stellen wieder zu verunreinigen[104] und wird im beigelegten Video genau dargestellt. Danach desinfiziert mein Vater manchmal das Abteil, was jedoch durch die geringe Infektionsgefahr aufgrund des einheitlichen und direkten Ferkelbezugs aus gleicher Herkunft nicht zwingend notwendig ist.[105]

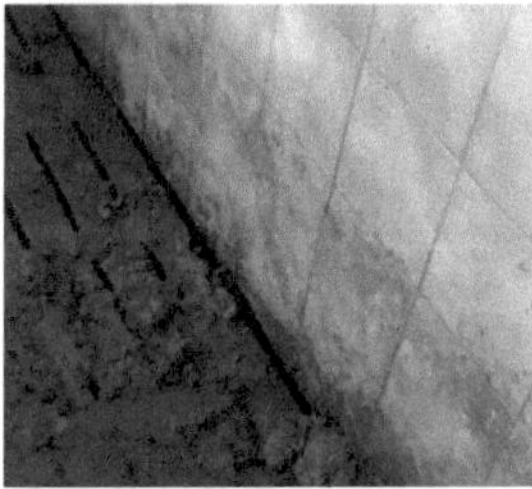

Abbildung 8: Boden und Wand vor dem Einweichen

Abbildung 9: Boden und Wand nach dem Einweichen

Abbildung 10: Boden und Wand nach der Hochdruckreinigung

2.4 Die Fütterung der Mastschweine

„Das Futter stellt im Haltungssystem für Schweine mit etwa zwei Drittel der Gesamterhaltungskosten in der Kostenbilanz einen wesentlichen Faktor dar, zum anderen ist der wirtschaftliche Erfolg entscheidend von der Futterqualität und der Fütterungstechnik abhängig."[106]

Aufgrund jener wirtschaftlichen Bedeutung ist die Fütterung und die damit verbundene Technik und Qualität, aber auch die Herstellung und Beschaffung des Futters von enormer Wichtigkeit für Gerhard Steinberger. Immer mehr spielt auch die Zusammensetzung des Futters eine nennenswerte Rolle für die optimale Verwertung und Maximierung der täglichen Zunahmen. Inwiefern diese sich in Zukunft einer Veränderung unterziehen werden könnte, wird ebenfalls in folgenden Punkten thematisiert.

2.4.1 Futtermittelbeschaffung und Herstellungsverfahren des Futters

Die Einzelkomponenten zur Herstellung des Futters für die Schweine stellt mein Vater größtenteils auf den betriebseigenen 70 Hektar Ackerfläche selbst her. Dazu gehören Körnermais

---

[103] Wähner, M.; Hoy, S. in Taschenbuch Schwein (2009), Seite 53
[104] vgl. Louis, L. (2016): Sauber und rein für das Schwein, in: Bayerisches Landwirtschaftliches Wochenblatt, 206. Jg., H.8, Seite 58
[105] vgl. Mitschrift des Gesprächs mit Steinberger Gerhard vom 29.10.2016, Seite 3
[106] Peitz L. und B. in Schweine halten (2014), Seite 110

und Weizen, welche zusammen zwischen 50 und 62%[107] des Futters darstellen. Auf den Anbau von Gerste verzichtet Gerhard Steinberger zurzeit wegen des geringen Preises und kauft jene stattdessen zu, während überschüssiger Mais aufgrund des momentan hohen Preises verkauft wird. Weiterhin gekauft werden Rapsöl, Mineralfutter reich an der Aminosäure Lysin und 120 Tonnen Sojaextraktionsschrot mit 43% Rohproteingehalt[108] pro Jahr.[109]

Jene Futtermittel werden im Folgenden in betriebseigenen Silos gelagert, wofür der selbsterzeugte Mais stets und der Weizen bei Bedarf getrocknet werden muss, um Schimmeln oder Verpilzung[110] des Getreides vorzubeugen. Dies trifft ein, wenn hierbei die Restfeuchte nach der Ernte zu hoch ist, woraufhin mein Vater Weizen und Körnermais zur Trocknungsanlage meines Onkels Stefan Maierhofer fährt, um infolgedessen die Lagerfähigkeit der Ernte gewährleisten zu können. Da das Getreide sowohl bei der Einlagerung, als auch beim Umlagern, wenn es zur Futterherstellung benötigt wird, gereinigt wird, zählt der väterliche Betrieb somit zu den 17%[111] der Schweinemastbetriebe in Bayern, die das Getreide zweimal reinigen, was als Qualitätsmerkmal von Reinheit der Futterkomponenten zeugt.[112] Je nach Bedarf können folglich aus den Futtermittelsilos die Bestandteile für das Futter in der jeweiligen Zusammensetzung gemahlen und gemischt werden. Sowohl die Lagerung als auch die Herstellung durch die Mahl- und Mischanlage finden im selben Gebäude automatisch statt, wodurch Futterschnecken und -spiralen relativ kurz gehalten werden können und die jeweiligen Silos durch Lieferfahrzeuge gut erreichbar sind.[113]

2.4.2 Die angewandte Fütterungstechnik

Der Transport des Futters in den Stall findet ebenfalls über Futterschnecken und die Lagerung in Futtersäcken in einem Vorbereich und im Weißbereich des Stalls statt.[114] Die insgesamt drei Futtersäcke sind je für zwei Abteile zuständig, was wiederum erfordert, in die jeweils fütterungstechnisch zusammenhängenden Abteile zu ähnlichen Zeitpunkten Schweine einzustallen, um abteilübergreifend einen ähnlichen Futterbedarf bezüglich der Zusammen-

---

[107] vgl. ZIFOwin Zielwert-Futteroptimierung der vier Fütterungsphasen
[108] vgl. ebd.
[109] vgl. Interview mit Steinberger Gerhard vom 02.10.2016
[110] vgl. Wähner, M.; Hoy, S. in Taschenbuch Schwein (2009), Seite 77f.
[111] vgl. www.lkv.bayern.de: Fleischleistungsprüfung in Bayern 2015, Seite 27, Stand: 30.10.2016
[112] vgl. Interview mit Steinberger Gerhard vom 02.10.2016
[113] vgl. www.ktbl.de: Bauausführung und Haltungstechnik geschlossener Mastschweineställe, Seite 5, Stand: 30.10.2016
[114] in Anlehnung an Abbildung 4

setzung zu erzielen. Vollautomatisiert werden viermal pro Tag durch den Transport über Futterspiralen aus den jeweiligen Futtersäcken die Automaten aller Abteile befüllt.[115]

Als Fütterungstechnik verwendet mein Vater Breifutterautomaten, mit welchen durchschnittlich die höchsten DkfL erzielt werden. Da es sich hierbei um eine ad libitum-Fütterung, also eine bedarfsgerechte „Fütterung zur freien Aufnahme"[116], handelt, ist das Tier-Fressplatz-Verhältnis nicht vorgeschrieben[117]. Bei den Abteilen drei bis sechs besteht das weiteste Verhältnis von 12:1[118], wenn von zwei Fressplätzen pro Automat ausgegangen wird. Dies verschlechtert jedoch die Mastleistungen nicht. Der Arbeitsaufwand und die technische Betreuung sind darüber hinaus als gering einzustufen[119], und des Weiteren können die Tiere durch die Wassernippel über dem Trog selbst die Konsistenz des Futterbreis bestimmen, da das Futter erst durch die Bearbeitung des Schweins mehr oder weniger breiig wird. Ferner befinden sich in jeder Bucht noch zwischen zwei und vier weitere freistehende Wassernippel, um zu verhindern, dass die Tiere für das Saufen extra einen Fressplatz beanspruchen müssen und die ausreichende Wasserversorgung gesichert ist.

Abbildung 11: Breifutterautomaten (Abteil 4)

---

[115] vgl. Mitschrift des Gesprächs mit Steinberger Gerhard vom 30.10.2016, Seite 4
[116] Wähner, M.; Hoy, S. in Taschenbuch Schwein (2009), Seite 9
[117] Hoy, S. in Trendreport Spitzenbetriebe, Schweinemast und Ferkelerzeugung, Gesundheit und Fütterung (2008) von DLG e.V., Seite 53
[118] in Anlehnung an Abbildung 4
[119] vgl. Hoy, S. in Schweinemast (2013), Seite 58

2.4.3 Die Phasenfütterung des Beispielbetriebs

Weil „Schweine [..] in den verschiedenen Gewichtsabschnitten entsprechend ihrer Wachstumskurve eine unterschiedliche Nährstoffversorgung"[120] brauchen, ist eine Aufteilung der Fütterung in verschiedene Phasen unabdingbar. Gemäß der Fleischleistungsprüfung 2015 „nimmt die Anzahl der Mastschweine, die mit drei oder mehr Phasen gemästet werden, zu"[121], was die Unterteilung der Futterzusammensetzung in vier Phasen meines Vaters aufzeigt. Der Trend geht somit zur bedarfsgerechten, an die Bedürfnisse der Schweine, bezüglich ihrer momentanen Mastphase, angepassten Fütterung. Inwiefern sich der quantitative Einsatz bestimmter Futterkomponenten in den jeweiligen Phasen verändert und die diesbezügliche zukünftige Entwicklung aussieht, wird in folgenden Punkten dargelegt.

2.4.3.1 Futterzusammensetzung der jeweiligen Phasen

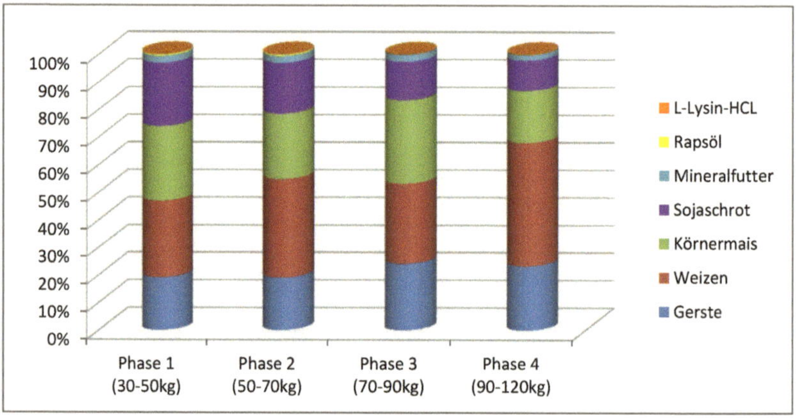

Abbildung 12: Die Futterzusammensetzung der jeweiligen Phasen[122]

Die Entwicklung weg von reiner Getreidemast hin zu stärkerem Einsatz von Mais als Stärkelieferant und Sojaextraktionsschrot, komplettiert durch essentielle Aminosäuren im Mineralfutter, als Eiweißkomponente[123] beeinflusst auch die Fütterung meines Vaters. Demzufolge bildet der Körnermais aufgrund „seine[s] niedrigen Rohfasergehalt[s] und hohen Energiegehalt[s]"[124] und der Sojaschrot wegen seines hohen Rohproteinanteils circa 50% des Futters

---

[120] Wähner, M.; Hoy, S. in Taschenbuch Schwein (2009), Seite 161

[121] www.lkv.bayern.de: Fleischleistungsprüfung in Bayern 2015, Seite 18, Stand: 31.10.2016

[122] vgl. ZIFOwin Zielwert-Futteroptimierung der vier Fütterungsphasen

[123] vgl. www.lkv.bayern.de: Fleischleistungsprüfung in Bayern 2015, Seite 18, Stand: 31.10.2016

[124] Schäffler, M. (2016): Futterwerte für Mais und Co., in: Bayerisches Landwirtschaftliches Wochenblatt, 206. Jg., H.9, Seite 35

für die Mastschweine zwischen 30 und 50kg.[125] Der Proteinanteil ist mit gut 180 Gramm pro Kilogramm Futter für jene Tiere am höchsten und nimmt mit jeder Phase kontinuierlich ab, was auf den stetig sinkenden Anteil an Sojaschrot zurückzuführen ist.[126] Begründet wird dies durch den zurückgehenden „Gehalt an Protein im Lebendmassezuwachs [..] von ca. 165g/kg bei 30kg auf ca. 145g/kg bei 120kg Lebendmasse"[127] und mit der somit sinkenden Fähigkeit Rohprotein in körpereigenes Protein, sprich Muskelfleisch, umwandeln zu können, verringert sich auch der Bedarf an Protein im Futter. Der kontinuierliche Rückgang des Sojaschrotanteils wird vor Allem durch einen steigenden Getreideanteil kompensiert, was wiederum einen phasenweise ansteigenden Stärkegehalt der Mastrationen zur Folge hat.[128] Darüber hinaus sinkt bei zurückgehendem Rohproteinanteil auch der Gehalt der „wichtigsten Aminosäuren Lysin, [...] Methionin + Cystin, Threonin und Tryptophan"[129,130] welche zum Teil auch durch den Einsatz des Mineralfutters in die Ration Einzug halten[131] und ungefähr im Verhältnis 1 : 0,55 : 0,65 : 0,18[132] verabreicht werden sollten, weshalb mein Vater in der letzten Phase den Mineralfutteranteil verringern und den L-Lysin-HCL Gehalt erhöhen musste.[133] In jener Phase wurde ebenfalls durch starke Reduktion des Körnermaiseinsatzes, und bereits seit der dritten Phase durch den Verzicht auf Rapsöl[134], der Anteil an Polyenfettsäuren vermindert, was den Schweinespeck härter und haltbarer macht.[135]

2.4.3.2 Bisherige und zukünftige Entwicklung der Futterzusammensetzung

Wie bereits im Punkt 2.1.4 erwähnt wurde, ist es für eine flächengebundene Tierhaltung notwendig, die anfallende Gülle auf die betriebseigene Ackerfläche ausbringen zu können, um den Status der Landwirtschaft und die damit verbundenen steuerlichen Vorteile zu behalten. Darüber hinaus soll gemäß der neuen Düngeverordnung der Nährstoffanfall durch die Gülle verringert werden. Hierbei ergab ein Versuch der Landwirtschaftskammer Niedersachsen, dass der Einsatz phosphorreduzierter, und über einen geringeren Proteinanteil

---

[125] in Anlehnung an Abbildung 13

[126] vgl. ZIFOwin Zielwert-Futteroptimierung der vier Fütterungsphasen

[127] Staudacher, W. in Trendreport Spitzenbetriebe, Schweinemast und Ferkelerzeugung, Gesundheit und Fütterung (2008) von DLG e.V., Seite 77

[128] vgl. ZIFOwin Zielwert-Futteroptimierung der vier Fütterungsphasen

[129] Staudacher, W. in Trendreport Spitzenbetriebe, Schweinemast und Ferkelerzeugung, Gesundheit und Fütterung (2008) von DLG e.V., Seite 71

[130] vgl. ZIFOwin Zielwert-Futteroptimierung der vier Fütterungsphasen

[131] vgl. Zusammensetzung der Mineralfutter für Ringausschreibung

[132] vgl. Kleine Klausing, H.; Riewenherm, G. in Schweinemast (2013), Seite 135

[133] vgl. Mitschrift des Gesprächs mit Steinberger Gerhard vom 30.10.2016, Seite 4

[134] in Anlehnung an Abbildung 13

[135] vgl. Kleine Klausing, H.; Riewenherm, G. in Schweinemast (2013), Seite 129f.

stickstoffreduzierter Futtermittel ab 90 oder 100kg Tiergewicht zu keinerlei Mast- und Schlachtleistungseinbußen führte.[136] Auch Gerhard Steinberger ersetzte in den letzten Jahren immer mehr Anteile Sojaextraktionsschrots durch Aminosäuren mithilfe einer Erhöhung des Mineralfutteranteils, um die Futterrationen bezüglich des Stickstoffgehaltes zu schmälern. Darüber hinaus wird seit der Umstellung auf Vierphasenfütterung im Jahre 2006 10% weniger Stickstoff durch die Schweine ausgeschieden, als bei zwei- oder dreiphasig gefütterten Schweinen,[137] was zusammen als adäquate Vorbereitung auf die neue Düngeverordnung zu sehen ist und diesbezüglich den Nährstoffanfall der Gülle reduziert.[138]

2.5 Betriebseigenes Management

Dass sich die Schweinemast immer mehr außerbetrieblichen Faktoren und Einflüssen unterwerfen muss, welche die Wirtschaftlichkeit beeinflussen, wurde bereits zu Beginn der Arbeit thematisiert. Dennoch hängt der Erfolg der Schweinemast natürlich zu großen Teilen von Produktionskosten und Management- und Handelsgeschick bei An- und Verkauf der Tiere ab, welche einer regelmäßigen außerbetrieblichen Kontrolle unterzogen sind, um die Wirtschaftlichkeit darzulegen und zu fördern.

2.5.1 Voraussetzungen für einen erfolgreichen Ferkelzukauf

Auf welche Art und Weise mein Vater Ferkel einstallt und dass er die Jungtiere seit 2008 einheitlich und direkt vom stets gleichen Erzeuger bezieht, wurde bereits im Punkt 2.3 dargestellt und erklärt. Inwiefern jedoch bereits der Erzeuger Einfluss auf die Tiere nimmt und welche weiteren Vorteile der einheitliche Ferkelbezug bietet, wird im Folgenden dargelegt.

2.5.1.1 Einflüsse des Ferkelerzeugers auf die Ferkel und den späteren Masterfolg

Der Erzeuger und auch Ferkellieferant meines Vaters Geltinger Georg aus Obertrennbach trifft in erster Linie durch die Wahl der Schweinerasse eine Entscheidung, die die spätere Mast beeinflusst. Hierbei handelt es sich um eine Dreiwegkreuzung, bei der der Erzeuger meines Vaters von Zuchtorganisationen Kreuzungssauen[139] der Deutschen Landrasse und des Deutschen Edelschweins gestellt bekommt. Geltinger Georg kreuzt diese infolgedessen mit einem Eber der Rasse Piétrain und die hervorgehenden Ferkel werden schließlich unter

---

[136] vgl. Meyer, A.; Vogt, W.; LWK Niedersachen (2016): Endmast: Reichen 12% Protein?, in: SUS, H.4/2016, Seite 40ff.
[137] vgl. ebd., Seite 41
[138] vgl. Mitschrift des Gesprächs mit Steinberger Gerhard vom 30.10.2016, Seite 4
[139] vgl. www.schaumann.de: Kreuzungsverfahren, Seite 2, Stand: 01.11.2016

anderem an meinen Vater verkauft und ausgeliefert.[140] Das Muttertier kombiniert somit die gute Fleischleistung und Fruchtbarkeit der Deutschen Landrasse mit hervorragender Fleischbeschaffenheit und geringer Stressanfälligkeit des Deutschen Edelschweins. Letztgenannte Eigenschaft dient auch zur Kompensation der zum Teil stressanfälligeren Piétraineber, welche vor Allem für einen hohen Magerfleischanteil der Mastferkel sorgen. [141] Speziell dieser hohe Prozentsatz an Magerfleisch[142] sorgt dafür, dass die Pi x (DE*DL) – Kreuzung weiterhin die beliebteste Schweinegenetik in Bayern[143] ist. Die Einflüsse der Piétrainrasse können bei einigen Tieren meines Vaters durch die schwarzen Flecken auf der sonst sehr, typisch für die Deutsche Landrasse und das Deutsche Edelschwein, rosafarbenen Haut nachgewiesen werden,[144] was folgendes Bild aufzeigt.

Abbildung 13: Der Piétraineinfluss des Zuchtebers erkenntlich durch schwarze Flecken

Außerdem sorgt der Ferkelerzeuger von Gerhard Steinberger, durch den Einsatz eines Reinzuchtebers der Rasse Piétrain für die Kreuzung dafür, dass die hervorgehenden Ferkel gleicher Altersgruppe während der Mast bezüglich ihres Gewichts und ihrer Konstitution nicht stark voneinander abweichen.[145] Beispielsweise betrug das Schlachtgewicht am 25.10.2016, abzüglich einzelner Ausnahmen, stets zwischen 95 und 110kg[146], was meinem Vater einige Aussortiervorgänge erspart, da er zum gleichen Zeitpunkt eingestallte Tiere größtenteils zu wieder gleichem Termin ausstallen kann.

₁₄₀ vgl. Mitschrift des Gesprächs mit Steinberger Gerhard vom 01.11.2016, Seite 4
₁₄₁ vgl. Peitz L. und B. in Schweine halten (2014), Seite 26ff.
₁₄₂ vgl. Wähner, M. (2016): Duroc versus Piétrain, in: dlz agrarmagazin, primus Schwein, H.5/2016, Seite 41
₁₄₃ vgl. www.lkv.bayern.de: Fleischleistungsprüfung in Bayern 2015, Seite 27, Stand: 01.11.2016
₁₄₄ vgl. Peitz L. und B. in Schweine halten (2014), Seite 26ff.
₁₄₅ vgl. Wähner, M. in Schweinemast (2013) von Hoy, S., Seite 25
₁₄₆ vgl. Schlachtprotokoll vom 25.10.2016

„Bei Mastschweinen haben als Infektionskrankheiten die Atemwegserkrankungen sowie die Durchfallerkrankungen die größte Bedeutung"[147], weshalb Georg Geltinger wie auch 72,3% der rheinischen Betriebe gegen Mykoplasmen und Circoviren[148] impft, um obig erwähnte Krankheiten während der Mast meines Vaters auszuschließen. Wie bereits im Punkt 2.1.4 erwähnt wurde, führt der Ferkelerzeuger darüber hinaus auch die Kastration der männlichen Tiere durch, was, wie auch die Impfungen, die Mast durch meinen Vater infolgedessen annähernd komplikationsfrei werden lässt.[149]

2.5.1.2 Vorteile des einheitlichen und direkten Ferkelbezugs

Es wurde schon mehrfach angeführt, dass mein Vater einheitlich alle Ferkel stets direkt vom gleichen Erzeuger, sprich Georg Geltinger, bezieht und welche Vorteile dies bezüglich des geringen Infektionsrisikos mit sich bringt. Darüber hinaus kann sich Gerhard Steinberger sicher sein, dass alle Ferkel gleichermaßen geimpft und behandelt wurden und wegen des identischen Ursprungs kann er bei Unstimmigkeiten stets Georg Geltinger kontaktieren, da hierbei ein gutes Verhältnis besteht und er wie, gemäß der DLG, 87% der Mäster der Meinung ist, dass eine gute Beziehung zum Ferkelerzeuger bezüglich des Tierankaufs unabdingbar sei[150]. Des Weiteren ist für meinen Vater im Zuge des einheitlichen Ferkelbezugs stets der Ankauf von Jungtieren in regelmäßigen Abstand gesichert und er kann mit dem Erzeuger bestimmte Kriterien wie das gewünschte Gewicht der Ferkel festlegen.[151]

2.5.2 Produktionskosten des Beispielbetriebs

Um wirtschaftlich erfolgreich zu sein, gilt es für meinen Vater die Produktionskosten bzw. Vollkosten und somit „sämtliche bei der Produktion anfallenden Kosten"[152] stets zu überprüfen und möglichst zu minimieren. Hierbei gibt es mehrere verschiedene Teilkosten. Als Erstes sollten die Direktkosten überwacht werden, welche bereits in der Einleitung thematisiert wurden und sich aus Ferkel- und Futterkosten, den Abgaben für Tierarzt und Tiergesundheit, Energie, Wasser, und Kosten für Verluste ergeben[153]. Vergleicht man die Direktkosten von Gerhard Steinberger aus dem Wirtschaftsjahr 2014/15 mit dem Durchschnitt des

---

[147] Ritzmann, M. in Schweinemast (2013) von Hoy, S., Seite 148

[148] Greshake, F.; REMS (2015): Trend zur dritten Ferkel-Impfung, in: SUS, H.6/2015, Seite 30

[149] vgl. Interview mit Steinberger Gerhard vom 02.10.2016

[150] vgl. o.V. (2016): Nur gemeinsam stark: Ferkelerzeuger und Mäster, in: Bayerisches Landwirtschaftliches Wochenblatt, 206. Jg., H.13, Seite 51

[151] vgl. Interview mit Steinberger Gerhard vom 02.10.2016

[152] Spandau, P. in Schweinemast (2013) von Hoy, S., Seite 109

[153] vgl. ebd.

Bereichs Landshut[154] ist ein Mehraufwand von circa sieben Euro pro Schwein zulasten meines Vaters ersichtlich.[155] Diese Differenz ist darauf zurückzuführen, dass die Ferkelkosten aufgrund des implizierten zu bezahlenden Transports und den Zusatzkosten wegen der Einstallung mit verhältnismäßig hohen Gewicht von 32,45kg um jene sieben Euro von dem durchschnittlichen Preis von 67,37€ im Raum Landshut[156] abweichen.[157]

Den zweiten Teil der Vollkosten stellen die Gebäudekosten dar, wobei es sich jedoch mittlerweile nur noch um Versicherungs- und zum Teil Reparaturkosten handelt, da die Gebäude abbezahlt sind. Erwähnenswert ist, dass mein Vater sich sowohl beim Umbau, als auch bei den beiden Erweiterungen für hochwertiges und dadurch teures Baumaterial, eine möglichst weitreichende Automatisierung und eine langlebige Innenausstattung entschied[158], und dass auch die Einordnung in kleine bis mittelgroße Gruppen die Baukosten erhöhte[159]. Diese Entscheidungen traf er bewusst, um als Nebenerwerbslandwirt den Arbeitsaufwand zu minimieren, weshalb er zum Beispiel auch die Ferkel liefern lässt und nicht selbst holt.[160]

Als dritten Teil der Produktionskosten sind sämtliche Fixkosten einzuordnen. Dazu gehört der jährliche Beitrag zur Berufsgenossenschaft, der Unfallversicherung für selbstständige Landwirte, Kosten für die Beratung der LKV, auf welche im folgenden Punkt eingegangen wird, und Ausgaben für Buchführung.[161] Käme man zum Beispiel, wie in 2.1.4 aufgeführt, den Forderungen der flächengebundenen Tierhaltung nicht nach, wären weitere Fixkosten wie Gülleabgabekosten oder die Gewerbesteuer nötig.

Durch die Arbeitskosten als den vierten Bereich der Vollkosten werden nach Direkt-, Gebäude- und Fixkosten noch Austragszahlungen für meinen Großvater und meine Großmutter miteinbezogen, welche dafür jedoch tatkräftig am Hof und im Schweinestall mitarbeiten.[162] Aus dem Erlös durch den Schweineverkauf ergibt sich letztlich, abzüglich der vier Bereiche der Vollkosten, der tatsächliche Lohnanspruch meines Vaters.[163]

---

[154] vgl. www.lkv.bayern.de: Fleischleistungsprüfung in Bayern 2015, Seite 21, Stand: 01.11.2016
[155] vgl. LKV: Jahresabschluss Schweinemast 2014/2015
[156] vgl. ebd.
[157] vgl. Mitschrift des Gesprächs mit Steinberger Gerhard vom 01.11.2016, Seite 4
[158] vgl. ebd.
[159] vgl. Spandau, P. in Schweinemast (2013) von Hoy, S., Seite 116
[160] vgl. Mitschrift des Gesprächs mit Steinberger Gerhard vom 01.11.2016, Seite 4
[161] vgl. ebd.
[162] vgl. ebd., Seite 5
[163] vgl. Spandau, P. in Schweinemast (2013) von Hoy, S., Seite 113

2.5.3 LKV-Beratung zur Erfolgskontrolle

Der Betrieb meines Vaters ist im Beratungsfeld Mastschweinehaltung beim Landeskuratorium der Erzeugerringe für tierische Veredelung in Bayern (LKV-Bayern) organisiert und wird somit als Ringbetrieb seit mittlerweile 16 Jahren von F. E. betreut.[164] Genauer ist er bei der Verwaltungsstelle des „Fleischerzeugerring[s] Landshut e.V. dabei".[165] F. E. besucht uns regelmäßig und „erfasst [..] die produktionstechnischen und wirtschaftlichen Kennwerte des Betriebs"[166], welche im Folgenden dargelegt und verglichen werden. Der Tierbestand von Gerhard Steinberger ist somit Teil der gut 550000 kontrollierten Mastschweine in Niederbayern, wo fast 70% der Mastschweine in Fleischerzeugerringen organisiert sind.[167] Mithilfe des Ringberaters und den von ihm erfassten Daten kann mein Vater sich mit anderen Schweinemästern vergleichen und Schwachstellen ausfindig machen und diese infolgedessen bekämpfen.[168] F. E. begleitet meinen Vater außerdem drei- bis viermal pro Jahr bei einem Stalldurchgang, um die Tiergesundheit zu beurteilen und berät ihn bezüglich der Fütterungs- und Haltungsoptimierung[169] und speziell in den letzten Jahren wird aufgrund der komplexen politischen Anforderungen der Fokus auch auf verwaltungstechnische Hilfeleistungen gelegt.[170]

Im Folgenden werden die betriebsspezifischen Kennwerte mit den Durchschnittswerten der in der Verwaltungsstelle Landshut organisierten Betriebe verglichen. Wie bereits im Punkt 2.5.2 aufgeführt wurde, waren die Ferkelkosten im Wirtschaftsjahr 2014/15 mit 74,61€ deutlich über dem Durchschnitt, weil die Jungtiere erst mit durchschnittlich 32,45kg eingestallt wurden. Der damit verbundene längere Aufenthalt beim Erzeuger rechtfertigt den Preis[171] und zog mit gut 884g täglicher Zunahme einen um fast elf Prozent höheren Wert nach sich. Dies wiederum lässt sich darauf zurückführen, dass die Tiere meines Vaters im Durchschnitt 130g mehr Futter pro Tag zu sich nahmen und gleichzeitig schon bei je 2,70kg aufgenommenen Futter, und somit bereits mit 120g weniger als Schweine von jenen Vergleichsbetrieben, ein Kilogramm Körpergewicht zunahmen. Dies sorgte in Kombination mit dem bereits hohen Einstallgewicht, trotz eines hohen Mastendgewichts von gut 125kg, mit lediglich knapp über

---

[164] vgl. Mitschrift des Gesprächs mit Steinberger Gerhard vom 01.11.2016, Seite 5
[165] E-Mail des Ringberaters F. E. vom 01.11.2016
[166] http://www.lkv.bayern.de/flp/schweinemast.html: Datenerfassung, Stand: 01.11.2016
[167] vgl. www.lkv.bayern.de: Fleischleistungsprüfung in Bayern 2015, Seite 16, Stand: 01.11.2016
[168] vgl. ebd., Seite 20
[169] vgl. Aufgabendefinition als Anhang zur E-Mail von F. E. vom 01.11.2016
[170] vgl. Interview mit Steinberger Gerhard vom 02.10.2016
[171] vgl. ebd.

104 Futtertagen zu um fast 10kg geringerer Futteraufnahme pro Schwein, was wiederum die Futterkosten pro Mastschwein mit 57,17€ bezüglich der Vergleichsbetriebe fast zwei Euro geringer ausfallen ließ. Darüber hinaus sprechen die mit 1,32% dotierten minimalen Verluste für eine tiergerechte Haltung und adäquate Gesunderhaltung jenes Wirtschaftsjahrs und sind auf das geringe Infektionsrisiko des einheitlichen und direkten Ferkelbezugs zurückzuführen. Trotz eines mit 57,76% unterdurchschnittlichen Magerfleischanteils und einem nur leicht erhöhtem Bruttoerlös von 1,56€ pro Kilogramm Schlachtfleisch war die Marktleistung mit 153,60€ je Schwein um gut fünf Euro höher als die der Vergleichsbetriebe. Dies beruht einerseits auf dem höheren Mastendgewicht und spricht für gute Fleischqualität.[172] Andererseits hat dies auch managementtechnische Gründe, denn „[i]n der Schweinemast hat das Management einen größeren Einfluss auf die Rentabilität [...] als die Produktionstechnik"[173], was speziell den eben genannten Wert des Schlachterlöses betrifft. Dieser, und zum Beispiel auch der Ferkel- und Futterpreis werden stark vom Managementgeschick des Mästers beeinflusst. Darüber hinaus ist jedoch auch der Wert der Umtriebe zum Teil vom Bestandsmanagement,[174] und somit der Zeitspanne zwischen Aus- und Einstallen, dirigiert. Jene Umtriebe stellen wohl den bedeutendsten Faktor für den Masterfolg meines Vaters dar. So wurden im Wirtschaftsjahr 2014/15 mit 3,2 Umtrieben um knapp 13% mehr Mastabläufe umgesetzt als bei den Vergleichsbetrieben der Verwaltungsstelle Landshut, was als Multiplikator der DkfL pro Mastschwein eine mit 52,39€ um gut acht Euro höhere DkfL je Mastplatz erzeugte. Somit wurden aus den im Punkt 2.5.2 aufgeführten überdurchschnittlichen Direktkosten durch gute Marktleistungen durchschnittliche DkfL je Mastschwein von 16,36€ und, wegen der hohen Anzahl an Umtrieben, verhältnismäßig sehr gute DkfL je Mastplatz.[175]

2.5.4 Strategie und Management der Vermarktung

Ähnlich dem wie der Ferkelzukauf bezüglich des Gewichts und weiterer Voraussetzungen geplant ist, muss auch der Verkauf der Schweine zu bestimmten Zeitpunkten im Zuge spezieller Bedingungen der Schweine ablaufen. Grundsätzlich gilt, dass „[n]ur wer optimal vermarktet [...] das Potenzial seiner Schweine voll ausschöpfen"[176] kann. Deswegen berät F. E. meinen Vater bezüglich des optimalen Verkaufszeitpunkts und auf welche Indikatoren geachtet werden muss. Dazu zählt einerseits, dass die Kastraten zwar „ca. 10% höhere Tages-

---

[172] vgl. LKV: Jahresabschluss Schweinemast 2014/2015
[173] Spandau, P. in Schweinemast (2013) von Hoy, S., Seite 115
[174] vgl. ebd., Seite 114f.
[175] vgl. LKV: Jahresabschluss Schweinemast 2014/2015
[176] o.V. (2016): Wer profitiert von AutoFOM?, in top agrar, H.9/2016, Seite 106 (S8)

zunahmen als weibliche Mastschweine"[177] haben, jedoch vor Allem in der Endmast zu Verfettung neigen.[178] Demzufolge stallt mein Vater männliche Schweine etwas früher aus als Sauen. Andererseits ist hierfür ein geschulter Blick, den mein Vater nach mehr als 17 Jahren Masterfahrung hat, unabdingbar, weil der Verkaufszeitpunkt aufgrund genetischer Abweichungen stets für jeden Einzelfall individuell zu betrachten ist.[179] Grundsätzlich werden die Schweine, abhängig vom Geschlecht, der Teilstückausprägung und der Genetik, zwischen drei und vier Monate im Stall meines Vaters gemästet.[180]

3. Betriebsspezifische Prognose zu wirtschaftlicher und personeller Entwicklung

Abschließend kann erwähnt werden, dass mein Vater voraussichtlich keine größeren Investitionen im Hinblick auf die Schweinemast mehr tätigen will. Im Rückblick auf die vor Allem in den letzten drei Jahren schlechteren DkfL[181] und aufgrund des Alters von 51 Jahren, wird es durch ihn keine Erweiterungen des Maststalls mehr geben. Auch bezüglich der zu erwartenden neuen Auflagen und politischen Rahmenbedingungen[182] stuft Gerhard Steinberger die Schweinemast in Deutschland in Zukunft als sehr unberechenbar ein. Dass die Schweinemast jedoch auch in wirtschaftlich schwierigeren Zeiten ein lukrativer Wirtschaftszweig sein kann, belegen die obig zahlreich angeführten, durch Managementfähigkeiten erreichten, „profitable[n] ökonomische[n] Leistungen"[183]. Dass darüber hinaus ebenfalls die personelle Weiterführung des Betriebs gesichert ist, belegt die Tatsache dass mein Vater vier Söhne hat. Wer davon den Schweinemastbetrieb in Unterholzhausen übernehmen wird, und in welcher Betriebsform und Art und Weise die weitere Bewirtschaftung erfolgt, wird die Zukunft zeigen.[184]

---

[177] Kleine Klausing, H.; Riewenherm, G. in Schweinemast (2013) von Hoy, S., Seite 131
[178] vgl. ebd.
[179] vgl. Interview mit Steinberger Gerhard vom 02.10.2016
[180] vgl. Mitschrift des Gesprächs mit Steinberger Gerhard vom 01.11.2016, Seite 5
[181] vgl. www.lkv.bayern.de: Fleischleistungsprüfung in Bayern 2015, Seite 33, Stand: 01.11.2016
[182] vgl. Ziron, M. in Trendreport Spitzenbetriebe, Schweinemast und Ferkelerzeugung, Gesundheit und Fütterung (2008) von DLG e.V., Seite 22
[183] ebd.
[184] vgl. Interview mit Steinberger Gerhard vom 02.10.2016

4. Abbildungsverzeichnis

5. Literaturverzeichnis

Im Folgenden werden alle, für die Erstellung der Seminararbeit verwendeten, Quellen in alphabetischer Reihenfolge der Herausgeber- oder Autorennamen dargelegt. Um eine vereinfachte Darstellung zu ermöglichen, sind die Quellen in Bücher und Sammelwerke, Zeitschriftenartikel, Beiträge aus dem Internet und betriebsspezifische Quellen unterteilt.

5.1 Bücher und Sammelwerke

DLG e.V. (Hrsg.) (2008): Ziron, Martin; Brede, Wilfried; Grandjot, Günter; Hoy, Steffen, Staudacher, Walter; Schulz, Joachim in: Trendreport Spitzenbetriebe, Schweinemast und Ferkelerzeugung, Gesundheit und Fütterung, Band 4, Frankfurt am Main, verlegt von: DLG-Verlags-GmbH

Hoy, Steffen (Hrsg.) (2013): Arends, Friedrich; Büscher, Wolfgang; Hortmann-Scholten, Albert; Hoy, Steffen; Kleine Klausing, Heinrich; Riewenherm, Georg; Ritzmann, Mathias; Spandau, Peter; Wähner, Martin in: Schweinemast, Stuttgart (Hohenheim), verlegt von: Eugen Ulmer KG

Peitz, Leopold; Peitz, Beate (2014) in: Schweine halten, Auflage 4, Stuttgart (Hohenheim), verlegt von: Eugen Ulmer KG

Wähner, Martin; Hoy, Steffen (2009) in: Taschenbuch Schwein, Schweinezucht und –mast von A bis Z, Stuttgart (Hohenheim), verlegt von: Eugen Ulmer KG

5.2 Zeitschriftenartikel

Bauer, Karl (2015): Ein langes Tal im Schweinezyklus, in: Bayerisches Landwirtschaftliches Wochenblatt, 205. Jahrgang, Heft 49, München, verlegt von: Deutscher Landwirtschaftsverlag GmbH, Seite 86

Bauer, Karl (2016): Dem Schweinezyklus entkommen, in: Bayerisches Landwirtschaftliches Wochenblatt, 206. Jahrgang, Heft 10, München, verlegt von: Deutscher Landwirtschaftsverlag GmbH, Seite 95

Bauer, Karl (2016): Nichts passt mehr zusammen, in: Bayerisches Landwirtschaftliches Wochenblatt, 206. Jahrgang, Heft 10, München, verlegt von: Deutscher Landwirtschaftsverlag GmbH, Seite 94f.

Greshake, Frank; REMS (2015): Trend zur dritten Ferkel-Impfung, in: SUS, Schweinezucht und
Schweinemast, Heft 6/2015, Münster, verlegt von: Landwirtschaftsverlag GmbH,
Seite 28-31

Hortmann-Scholten, Albert; LWK Niedersachsen (2016): Fleisch-Export: Wie in China punkten?, in: SUS, Schweinezucht und Schweinemast, Heft 2/2016, Münster, verlegt von:
Landwirtschaftsverlag GmbH, Seite 60-63

Louis, Lisa (2016): Sauber und rein für das Schwein, in: Bayerisches Landwirtschaftliches
Wochenblatt, 206. Jahrgang, Heft 8, München, verlegt von: Deutscher Landwirtschaftsverlag GmbH, Seite 58f.

Meyer, Andrea; Vogt, Wolfgang; LWK Niedersachsen (2016): Endmast: Reichen 12% Protein?, in: SUS, Schweinezucht und Schweinemast, Heft 4/2016, Münster, verlegt von:
Landwirtschaftsverlag GmbH, Seite 40-43

Niggemeyer, Heinrich; SUS (2016): Kastration: Alternativen mit Defiziten, in: SUS,
Schweinezucht und Schweinemast, Heft 2/2016, Münster, verlegt von: Landwirtschaftsverlag GmbH, Seite 30-32

o.V. (2015): Bestände auf Rekordniveau, in: SUS, Schweinezucht und Schweinemast, Heft
6/2015, Münster, verlegt von: Landwirtschaftsverlag GmbH, Seite 22

o.V. (2016): Antibiotika-Verkauf glatt halbiert, in: top agrar, Mehr Landwirtschaft!, Heft
9/2016, Münster, verlegt von: Landwirtschaftsverlag GmbH, Seite 101 (S3)

o.V. (2016): EU-Schweinehaltung im stetigen Wandel, in: Bayerisches Landwirtschaftliches
Wochenblatt, 206. Jahrgang, Heft 2, München, verlegt von: Deutscher Landwirtschaftsverlag GmbH, Seite 31

o.V. (2016): Nur gemeinsam stark: Ferkelerzeuger und Mäster, in: Bayerisches Landwirtschaftliches Wochenblatt, 206. Jahrgang, Heft 13, München, verlegt von: Deutscher
Landwirtschaftsverlag GmbH, Seite 51

o.V. (2016): Vereinigungspreis für Schlachtschweine, in: Bayerisches Landwirtschaftliches
Wochenblatt, 206. Jahrgang, Heft 3, München, verlegt von: Deutscher Landwirtschaftsverlag GmbH, Seite 86

o.V. (2016): Wer profitiert von AutoFOM? in: top agrar, Mehr Landwirtschaft!, Heft
9/2016, Münster, verlegt von: Landwirtschaftsverlag GmbH, Seite 105f. (S7f.)

Schäffler, Martin (2016): Futterwerte für Mais und Co., in: Bayerisches Landwirtschaftliches
Wochenblatt, 206. Jahrgang, Heft 9, München, verlegt von: Deutscher Landwirtschaftsverlag GmbH, Seite 35

Schnippe, Fred; SUS (2015): Spanier starten durch, in: SUS, Schweinezucht und Schweinemast, Heft 6/2015, Münster, verlegt von: Landwirtschaftsverlag GmbH, Seite 18-21

Wähner, Martin (2016): Duroc versus Piétrain, in: dlz agrarmagazin, primus Schwein, Heft
5/2016, München, verlegt von: Deutscher Landwirtschaftsverlag GmbH, Seite 38-41

Werning, Michael; SUS (2016): Tierwohl sichert Topleistungen, in: SUS, Schweinezucht und
Schweinemast, Heft 2/2016, Münster, verlegt von: Landwirtschaftsverlag GmbH,
Seite 24-27

5.3 Beiträge aus dem Internet

agrarheute: Neues Düngegesetz: Das kommt auf die Tierhalter zu (27.01.2016), URL:
http://www.agrarheute.com/news/neues-duengegesetz-kommt-tierhalter, Stand:
17.10.2016

EUR-Lex: Richtlinie 2008/120/EG des Rates vom 18. Dezember 2008 über Mindestanforderungen für den Schutz von Schweinen, URL:
http://eur-lex.europa.eu/legal-content/DE/TXT/PDF/?uri=CELEX:32008L0120&qid=14
75606161170&from=DE, Stand: 04.10.2016

Genesis-Online Datenbank – Statistisches Bundesamt: 41311-0001, 41311-0002, 41311-
0003, 41311-0004, URL: https://www-genesis.destatis.de/genesis/online, Stand:
07.10.2016

KTBL: Kuratorium für Technik und Bauwesen in der Landwirtschaft eV:
Bauausführung und Haltungstechnik geschlossener Mastschweineställe, URL:
https://www.ktbl.de/fileadmin/user_upload/artikel/Tierhaltung/Schwein/Mast/Baua
usfuehrung/Mast_Bauausfuehrung.pdf, Stand: 16.10.2016;
Beschäftigungsmöglichkeiten für Schweine, URL:
https://www.ktbl.de/fileadmin/user_upload/artikel/Tierhaltung/Schwein/Allgemein/

Beschaeftigung/Beschaeftigungsmaterial.pdf, Stand: 19.10.2016
Geschlossene, zwangsgelüftete Mastschweineställe, URL:
https://www.ktbl.de/fileadmin/user_upload/artikel/Tierhaltung/Schwein/Mast/Gesc
hlossener_Stall/Mast_geschlossener_Stall.pdf, Stand: 17.10.2016;

LKV-Bayern: Die Fleischleistungsprüfung (FLP) in der Schweinemast, URL:
http://www.lkv.bayern.de/flp/schweinemast.html, Stand: 01.11.2016;
Fleischleistungsprüfung in Bayern 2015, URL:
http://www.lkv.bayern.de/lkv/medien/Jahresberichte/flp_jahresbericht2015.pdf,
Stand: 01.11.2016

Schaumann – Erfolg im Stall: Kreuzungsverfahren, URL:
http://www.schaumann.de/cps/schaumann-
de/ds_doc/POS_SchweineRassen_A4_rgb.pdf, Stand: 01.11.2016

Statista – das Statistik-Portal: Produktion von Schweinefleisch weltweit bis 2016, URL:
https://de.statista.com/statistik/daten/studie/261938/umfrage/weltweite-
nettoerzeugung-von-schweinefleisch/, Stand: 03.10.2016

Statistisches Bundesamt: Fleischerzeugung im Jahr 2015 mit neuem Rekordwert, URL:
https://www.destatis.de/DE/PresseService/Presse/Pressemitteilungen/2016/02/PD1
6_037_413.html, Stand: 03.10.2016

topagrar online: Russland nicht mehr auf europäisches Schweinefleisch angewiesen
(13.02.2016), URL: http://www.topagrar.com/news/Home-top-News-Russland-nicht-
mehr-auf-europaeisches-Schweinefleisch-angewiesen-2743383.html, Stand:
04.10.2016;

topagrar online: Schweinemast: Bayern gewinnt, Ländle verliert (Schwein – Ausgabe
03/2013), URL: http://www.topagrar.com/archiv/Schweinemast-Bayern-gewinnt-
Laendle-verliert-1066734.html, Stand: 08.10.2016

Wirtschaftslexikon Gabler: Wirtschaftlichkeitsprinzip, URL:
http://wirtschaftslexikon.gabler.de/Definition/wirtschaftlichkeitsprinzip.html, Stand:
03.10.2016

5.4 Betriebsspezifische Quellen (nicht in der Arbeit enthalten)

- Aufgabendefinition als Anhang zur E-Mail von F. E. vom 01.11.2016
- Eingabepläne der Stallgrundrisse vom 07.03.1999, 17.02.2001 und 02.10.2006
- Einträge in die Antibiotikadatenbank von Gerhard Steinberger auf www.qualifood.de seit Beginn der Nutzung
- E-Mail des Ringberaters F. E. vom 01.11.2016
- Gutschrift der Schlachtung vom 23.09.2016
- Interview mit Steinberger Gerhard vom 02.10.2016
- LKV: Betriebsprotokoll 1 vom 01.03.2002 bis zum 28.02.2003F
- LKV: Jahresabschluss Schweinemast 2014/2015
- Mitschrift der Gespräche mit Steinberger Gerhard
- Schlachtprotokoll vom 25.10.2016
- ZIFOwin Zielwert-Futteroptimierung der vier Fütterungsphasen
- Zusammensetzung der Mineralfutter für Ringausschreibung